東アジアの「伝統の森」100撰

—山・川・里・海をつなぐ森の文化—

薗田稔 監修　李春子 編著

監修の挨拶

NPO 法人社叢学会理事長／京都大学名誉教授
薗田　稔

平成12年春に大学を定年退官して早くも20年の歳月を重ねた今、当時大学院で研究指導した院生の一人、李春子さんが学位取得の上、更に教職の傍ら一心に研究業績を積み重ねている姿に敬意を表したい。本書がその成果の一冊である。

今から30年前に京都の大学院人間・環境学研究科で日本文化論の講座を担当してほぼ10年––、その間20人ほど、海外からの留学生を交えた院生たちを育てたなかで、当面する環境問題に関わるアジア的な森林の宗教文化に強い研究関心を示した者は、残念ながら韓国人学生の李春子さん唯一人であった。

本書に垣間見えるように、100撰の多くが日本国内に今も健在のいわゆる「鎮守の森」の紹介であり、それに添えて著者の祖国、韓国と留学経験のある台湾の巨樹信仰や造園文化の併せて30撰の事例紹介だが、やや散発的とも覚える事例撰集の根拠については巻末の「Ⅱ論考」に所収の論文３編で説明される。すなわち日本の「伝統の森」については、それらが地域の風土に根ざして「山・川・里・海をつなぐ森の文化」であることを如実に表している事例を理由に撰んだ成果であり、韓国や台湾の事例では、それほどの祖型を採り難いにしても著者のいう「敬森・敬水」ないし「親森・親水」を伝統とする事例を採り上げたことと理解されよう。

ところで、本書監修の任にある当人が現に代表理事を勤めているNPO 法人社叢学会も、今から18年前に東アジア古代史学の大家、上田正昭先生の提唱で発足し、まさしく「鎮守の森」に代表されるわが国古来の森林文化を多角的に啓発保全する諸活動を展開している最中にあって、たまたま本学会の有力会員でもある李さんが本書を公刊するこの機会に、当人の了解を得て本書の219頁に掲げる論説の図１「「伝統の森」と敬森・敬水の概念図」を補強する図版を、ここに提案しておきたい。

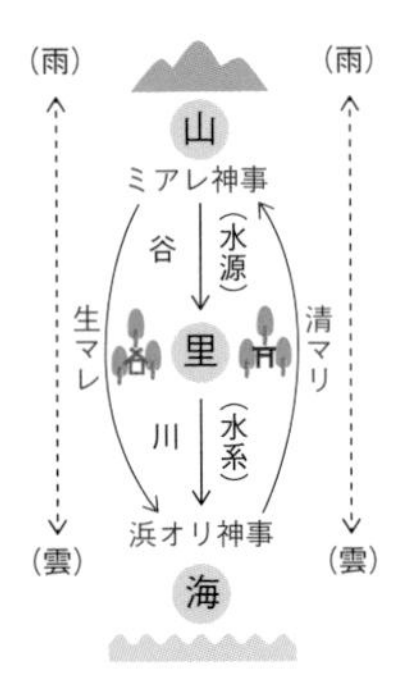

図　日本の山岳列島に祖型を成す「生まれ清まり」の祭礼文化

ほぼ全島に渉ってモンスーン気候帯に包まれ、内陸に長大な脊梁山脈を水源に、大小の盆地に人里を営みながら海浜に達する水系という、大気と水の循環に基づく豊かな自然の恵みを霊的な神仏の働きと心得て、季節の折り目ごとに山地から神霊のミアレ（出現・誕生）神事を催し、そのためにも海浜に降りて清めの潮ごりをとる浜降り神事を心掛けるのが、全国各地のいわば「生まれ清まり」の祭礼文化であった。

「生まれ清まり」という表現は、かつて古代学者の折口信夫が奥三河の花祭り神楽の中心行事をこの表現で喝破し､加えて｢はらひ」の行事とも考察した言葉だが、本稿ではより一般化して日本の風土に根ざす森の祭礼文化が伝えてきたモチーフとして借用した。要するに、伝統の山や森に鎮まる鎮守の神々が祭礼で新生することは谷川や潮水で清まる事でもあるのである。

序　文

李　春子

「山川も草木も人も共生のいのちかがやけ新しき世に」――これは、上田正昭先生が、2001年の歌会始の召人として詠まれたものである。

地球生命圏における共生の土台となっている「水」はこの奇跡の星の表面と大気を循環して、あらゆる生き物の命を育む。雲は、風に乗って移動して雨となり、山や森に降り注ぎ、その山々や森は豊かな水源となる。水は、人間の命を支える恵みをもたらす反面、たらなければ日照りや干魃（かんばつ）、多すぎれば洪水・山崩れをもたらす。この両面性があるが故に、水の秩序を願う祭祀と深く関わったといえよう。

東アジアには、地域社会が深く関わる「伝統の森」文化が遍く存在する。「伝統の森」とは、集落の開拓、災害と恵み、文化伝来など人間社会の「生と死」の様々な営みと深く関わる。山・川・里・海は、つながっており、循環する。そして、祭り（浜降り・巡幸祭など）になると普段は意識しない循環の「敬森・敬水」の姿が浮かび上がる。

本書は、「伝統の森」を第１部でとりあげる。人文学と植物学の融合を試み、森の由来・文化誌、写真と森の状況・植生をわかりやすく網羅した。森の選択基準は、次の三つの観点である。

第１、山・川・里・海に位置する森を、🄰水源地の深い山、🄱河畔林、🄲里の鎮守の森、🄳海岸林や島全体を崇める所と分類する。

第２、「敬森・敬水」[1]の祭りや自然と共生の文化を受け継ぐ所。

第３、未来につなぐ森の保全活動と親森・親水の働きがある所。

第２部では、李春子の他、大谷一弘氏、藤田和歌子氏、陳香伊氏のそれぞれの論考が記述されている。

1　森や水の恵みに生かされている人間社会が、土木工事的な「治山・治水」だけではなく、祭祀や慣習を通して、災害を避けて日々の安寧を祈り、畏敬の念を表すこと（李春子「日本の水を巡る『伝統の森』の文化誌と持続保全」『社叢学研究』15号

本書は、日本・韓国・台湾における伝統の森文化を「敬森・敬水」の視点から、その空間位置と祭礼等と、伝統の森と人間社会の共生文化を「親森・親水」の視点で取り上げた。

日本の水源地の山は、水を司る神々を祭り、水の秩序が祈られる。鎮守の森の周囲の造られた小川・水路は、結界の象徴であるとともに水田や集落の水利にとっても重要な水源である。

韓国には、かつて鎮山の文化があり、その対象の多くは集落の背後の水源地でもあった。そして、河畔林・集落の神の森・堂山・海岸林があり、その多くは風水の概念とともに洪水、防風等の災害防止林として大切に守られた。そして、そこに建てられた楼や亭等の風景観賞の建物は、憩いの空間、精神を高める場所とされる。近年、この遺産を見直して、伝統の森の復元や持続的保全活動を目指す動きが起こっている。

台湾では、川のほとりに木を植えて洪水の水害を鎮める。また、地域の歴史とともに営まれた大樹公文化のつくる空間は、地域の憩いの場となっている。海岸沿いには、人工林が少なく、自然のマングローブ林が広がる。これらの森や林は、近年、エコツーリズムの場として多く利用されている。現在、東アジア各地の「伝統の森」には、都市化やそれに伴う住民の認識の希薄化と害虫の蔓延、異常気象など、存続への共通課題がある。一方、生物多様性・防災林・自然回帰・エコツーリズム等、の取り組みの大切さも認識されるようになってきている。

「伝統の森」は、人間社会の自然との共生における「親森・親水」の場としてその必要性、重要性が高まっている。実際にその場に立てば、五感だけでなく全身全霊で過去・現在・未来における、そのかけがえのなさを感じとることができる場所である。

本書が、ここに取り上げたそれぞれの地域で「伝統の森」との共生の循環を未来に手渡す一助になり、さらには東アジアにおける人びととの相互理解を深める具体的行動への足がかりのひとつとなるならこれにまさる喜びはない。

目次

I　東アジアの「伝統の森」100撰

日本の伝統の森めぐり70撰

韓国の伝統の森めぐり20撰

台湾の伝統の森めぐり10撰

Ⅱ　論考

I
東アジアの「伝統の森」100撰

日本の伝統の森めぐり 70撰

1 秋田海岸林・栗田神社

★飛砂防備保安林（2700ha）

【所在地】秋田県秋田市新屋栗田町1-28
秋田港南岸から雄物川南岸河口に至る約7.5㎞，幅200 ～ 1500m の砂州地帯の海岸林。

【由来及び文化誌】

大砂防林を完成させた藩士を祀る

祭神は、「公益の神」栗田定之亟如茂大人命。

秋田県の海岸線は263㎞の大半は砂丘海岸で、秋から早春に吹く季節風は大量の飛砂をともない、集落をも埋めつくしていた。寛政９年（1797）、藩に任命された栗田定之丞は植林に励み、大門武兵衛・佐藤藤四郎・加藤辰五郎ら、村民の協力も得て約80㎞におよぶ松林数百万本の大砂防林を完成させた。古草鞋や茅を束ねて飛砂を防ぎ、後方に柳やグミを植え、根づいたら松苗を植える栗田定之丞流の植林法「衝立工の技術」を確立して、能代市から秋田市まで120㎞におよぶ砂丘地に植樹し、クロマツの砂防林を完成させたと、司馬遼太郎は記す（『街道をゆく９』２秋田県散歩）。

貧しい下級武士でありながら、飛砂で埋もれる集落を救うため、海岸防災林作りに挑んだ栗田定之丞の「公益の精神」を讃えて、安政４年（1857）、地域の人々は藩に請願して一社を建て栗田大明神と称することが許され、栗田神社が建てられた。

７月31日宵宮、８月１日祭礼は、新屋の人々が参加して、静かで素朴な祭礼が行われる。

栗田神社の境内

秋田海岸林

海岸松林

松葉かき

【森の現況】

砂防林のクロマツ約1000万本は、全国一を誇る。手入れの行き届いた林床には、イチヤクソウ、ウメガサソウ等の丘陵地の植物が確認できる。

松林の土壌の富栄養化防止対策として、枯れ枝や落ち葉かきを県主催で、企業・森林ボランティア等が参加して行っている。マツ葉除去を毎年行い、草も生えず、「松露」が発生して、海岸林の健全化に役立っているという。近年は、松食い虫による松枯れや過密による林の脆弱（ぜいじゃく）化も見られる。

松林の持続的保全のため、あきた森づくり活動サポートセンターなどによる松葉がきや腐葉土除去活動が行われている。

2 秩父神社

★「秩父神社柞の森のブッポウソウ」
国指定重要有形・無形民俗文化財「秩父祭の屋台行事と神楽」
ユネスコ世界無形文化遺産

【所在地】埼玉県秩父市番場町1-3
秩父人の精神的依り代である秩父神社は、そびえる神体山・武甲山(1304m)と対面して鎮座。本殿の背後には「柞の森」、乾の井戸がある。かつて柞の森を横切って地蔵川が流れていた。

【由来及び文化誌】

社殿は徳川家康が寄進した秩父地方の総鎮守

祭神は、八意思兼命と知知夫彦命、天之御中主神(北辰妙見として鎌倉時代に合祀)。平安初期の典籍『先代旧事紀—国造本紀—』によると、武蔵国成立以前より栄えた知知夫国の総鎮守とされる。

「国造本紀」に崇神天皇の時代の知知夫国。延喜式内社武蔵国秩父郡秩父神社。現社殿は、天正20年(1592)初代将軍徳川家康公の寄進で造営した。明治になって旧号秩父神社に復し、妙見大菩薩は天之御中主神と配祀された。中世以来、妙見信仰と尊崇されて、「秩父大宮妙見宮」と称し、地元では「妙見さま」と親しまれた。

4月4日の田植祭は、今宮神社で「水分神事・水乞い」を行う。そして、「藁の竜神」を迎えて「饗膳の儀」を行う。「秩父夜祭」と名高い12月3日例大祭は、ご神幸の先頭の大榊に藁の竜神(田植祭)を巻き、神輿・笠鉾などが行列。武甲山の神(男神)と秩父神社の女神との年一度の逢瀬という神話がある。春に招迎した武甲山の竜神を秋に鎮送する壮大な神幸祭は、武甲山と地域社会が循環する水を通しての連続性を祭礼で表すともいえる。

7月20日の川瀬祭は、荒川の妙見淵の斎場で「清めの神輿洗い」を行う。

秩父神社の境内

【森の現況】

境内は、シラカシ、サンゴジュ、ツバキ、アオキなどの常緑広葉樹が比較的密生している。ケヤキの群生地もあり、スギやヒノキ、数本のクスノキが植栽されている。本殿前の大イチョウは、胸高直径約150㎝。「柞（ハハソ）の森」は高い自然度がよく保たれている。『武蔵国郡村誌』秩父郡に、「母巣杜」は「檜杉槻の老樹多し」と記された。寛政12年の古図に描かれた柞（ハハソ）は、『新編武蔵風土記稿』に「杉檜槻ノ大木多ク繁茂シ、古社ノ様思ヒ知ラル」と記された。

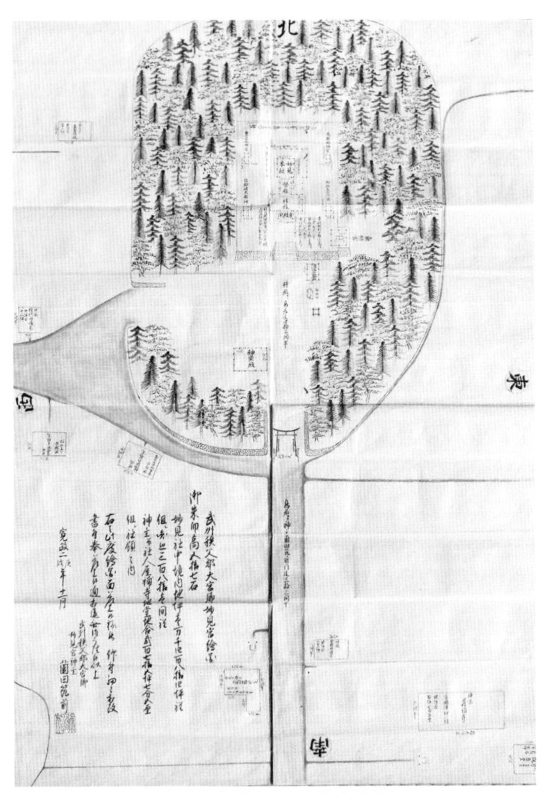

寛政２年（1790 年）境内絵図

大正時代の鬱蒼とした森と境内

4月4日の田植祭

3 秩父今宮(ちちぶいまみや)神社

★駒つなぎのケヤキ（埼玉県と市の天然記念物）

【所在地】埼玉県秩父市中町16-10
武甲山の麓の秩父市に鎮座。境内に、「龍神池」と「清龍の滝」があり、水と深く関わる。

【由来及び文化誌】

修験道の霊場として創まり、水の神として地域の信仰を集める

祭神は、八大竜王神・須佐之男命(すさのおのみこと)・伊邪那岐(いざなぎ)・伊邪那美(いざなみ)・八幡神。

大宝年間（701～704）に修験道(しゅげんどう)の開祖役行者(えんのぎょうじゃ)が秩父へ修行に訪れたと伝わり、霊泉の傍に観音菩薩の守護神「八大龍王」を合祀、秩父修験の中核となった。天文４年（1535）、病魔退散を願い、京都の今宮神社から須佐之男大神を勧請し、総称「今宮坊」となり、神仏習合の拠点霊場となった。

水神の八大龍王信仰が厚く、『秩父志』（大野満穂、1814年）には、「田植神事水引ノ池ハ字今宮ニテ八大宮本社社殿前……毎年二月三日神事式ノ節社役祝人此所ニ来り奉幣シ水ヲ引来入ルの式アリ」と記された。

４月４日の水分祭は、秩父神社の神官・神部等が今宮神社にて「水乞い神事」がある。秩父神社側に水麻(みずぬさ)（八大龍王）が授与される。秩父神社は、水麻に移された「藁(わら)の龍神」により、田植え神事を行う。二つの神社の同じ祭礼は、循環する水の恵みに感謝と地域社会の協力がうかがえる。世に名高い「秩父夜祭」は、春に迎えた龍神の神霊を感謝とともに武甲山に送り返す神事という。例大祭は９月28日。

「夏越の祓」の茅の輪（写真提供：秩父今宮神社）

【森の現況】

本殿の背後には、樹齢の若いヒノキがあるが、境内はケヤキが優占樹種で、十数本ある。樹齢数百年のご神木の「駒つなぎのケヤキ」（樹高26.2m、胸高周囲約9.1m）は存在感を表す。江戸時代に武士が参詣した際、このケヤキに馬をつないだことに由来する。

境内に、武甲山伏流水が沸き出るという霊泉の「龍神池」があり、水分祭（御田植祭）ではこの水の御神徳が秩父神社に授与される。また「龍神池」に湧き出る「武甲山伏流水」を境内の築山から落とした「清龍の滝」（環境省指定平成の名水百選）がある。

この水は、戦後に水脈が断たれて涸れたことがあったが、2003年、氏子崇敬者らの篤志（とくし）により、もともと滝があった脇に井戸を掘り、湧き出た水を滝に落として復元した。

ご神木のケヤキ

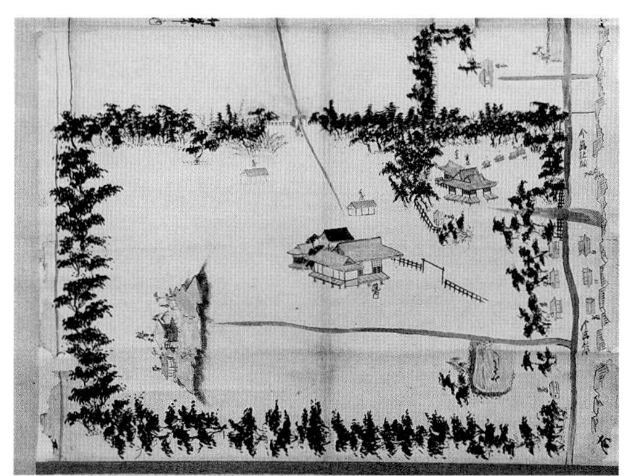
今宮坊古地図（1759 年）
今宮観音堂と金剛寺、龍神池などが描かれている

武甲山の伏流水とされる「清龍の滝」

龍神池

4 氷川女體神社

★（旧）さいたま市氷川女體神社社叢ふるさとの森、市指定社叢

【所在地】 埼玉県さいたま市緑区宮本2-17-1
芝川右岸の台地上に鎮座する。鳥居の前に見沼代用水が流れて、周囲に田んぼが広がる。磐船祭祭祀場跡がある。平成５年に開園した見沼氷川公園が地域の憩いの場所となっている。

【由来及び文化誌】

新田開発にともない作られた見沼代用水を見守る

主祭神は、奇稲田姫命、大己貴命、三穂津姫命。

創建は「武州一宮女躰宮御由緒書」（1767年）によると、「崇神帝之御勧請」「出雲国大社同躰」とある。見沼代用水は、享保年間（1727年）、８代将軍徳川吉宗公の命によって、12㎢の新田の開発が進められて作られた。今日に近い風景は、『江戸名所図会』（1789～1801）に描かれている。

『新編武蔵風土記稿』には、「例祭は九月八日隔年船祭り……沼あり、其内に神輿置て船に祭れり」と記された。神輿を乗せた御座船が見沼を渡る「御船祭」があったが、沼がなくなったため中止された。代わりに鳥居の下に池を作り、祭場を設けた。沼中から大地に斎場が移り、名称も「磐船祭」に変わり、享保14年９月８日（1729年）以降、明治初期まで行われ、昭和57年に復活した。

５月４日、祇園磐船龍神祭「見はるかす見沼の神事」では、2000年から「さいたま龍神祭り会」が結成され、125mの「昇天龍」の龍神模型が造られて、2012年にギネス世界記録に登録された。10月８日に例大祭がある。

拝殿（写真提供：木村甫氏）

社叢の全景

見沼代用水

5月4日の祇園磐船龍神祭（写真提供：木村甫氏）

【森の現況】

面積1.05ha。ケヤキ、ムクノキ、アカシデ、エノキなど落葉広葉樹が生育しているが、スギのほか、シラカシ、クスノキ、タブノキなどが境内には多く、サカキ、スダジイなどを含め全体的には照葉樹林の様相を呈している。社務所付近にはご神木のタブノキ（胸高直径120㎝）をはじめ、クスノキ、シラカシ、スギ、モミ、ケヤキなどがみられる。

個々の樹木の生育は順調であるが、公園や住宅地、道路等により林層はきわめて薄い。自然植生を維持するのは難しいと思われる。タブノキ、クスノキは踏圧が激しいので保護柵などの設置が望ましい。また、本殿裏の左手のタブノキの大木は根元を道路に削られ、枝は宅地にまで伸ばしているので今後何らかの保護が必要と思われる。

5 久伊豆(ひさいず)神社

★（旧）久伊豆神社叢ふるさとの森
県指定天然記念物サカキの大木（平成31年枯死）、市指定モッコク

【所在地】 埼玉県さいたま市岩槻区宮町2-6-55
元荒川が東北に流れて、沼の中の陸地に城が築かれた。元荒川と沼の間の陸地に位置して、水に囲まれた景観であったと考えられる。敷地内に「岩槻保育園」（昭和40年開設）がある。

【由来及び文化誌】

岩槻城下の総鎮守として歴代城主の崇敬を受ける

ご祭神は、大己貴命(おおなむちのみこと)（大国主命）。『明細帳』によると欽明天皇（539－571年）の頃、土師(はじ)氏が出雲国から岩槻(いわつき)の地に勧請(かんじょう)したという。長禄元年（1457年）、上杉定正の家臣の太田道灌(おおたどうかん)が築城した岩槻城の守護神として崇拝された。江戸時代には、歴代城主より崇められ多数の宝物が寄進された。明治８年に火災に遇い、多くの記録などが焼失した。

例大祭は、４月19日の春季例大祭と10月19日の秋季例大祭がある。秋季例大祭には、「黒奴」と「孔雀の舞」が奉納される。かつては、神輿の神幸で賑わったが、昭和29年を最後に神輿は展示のみとなっている。江戸時代後期、岩槻城主大岡家に仕えた教学者・児玉南柯(こだまなんか)が書いた『南柯日記』に、神幸祭の神輿と舞、奏楽などで賑わう祭りについて「この戯楽を見ているとこの世はまさに五風十雨だ」と記された。「人形の町」として知られる岩槻は、城下町として発展し、日光御成道(おなりみち)の宿駅として重要な役割を果たしていた。現在、氏子地域には46自治会があり氏子総代が置かれている。

久伊豆神社の境内

参道

例祭（写真提供：木村甫氏）

天然記念物の大サカキ
2015年頃撮影

本殿前の夫婦モッコク

【森の現況】

境内にはスダジイやクスノキ、ケヤキ、イチョウなどの大木とサクラが生育している。本殿奥はスギ・ヒノキの造林木とケヤキ、シイ類が混交している。

本殿真後ろのご神木のサカキ（高さ13m・樹齢約400年）が存在感を表したが、平成31年３月に枯死したため伐採された。

しかし、森には大サカキの子となるサカキが自生し群生している。本殿前には、「夫婦モッコク」と称する大木があり、ご神木となっている。

参道は、スダジイとケヤキを中心とした大径木が約200mに渡って並んでいるが、密集状態となり木々が細いと見受けられる。参道のサクラは柵がなく、モッコクも一部被圧状態にあるので、上部のスダジイとの調整が必要である。

かつてモッコクの手前に大サカキがあったが、枯死のため伐採された。

6 高麗神社

★国指定重要文化財大般若経（鎌倉時代）
県指定文化財　高麗神社本殿（安土桃山時代）など

【所在地】埼玉県日高市新堀833
旧武蔵国高麗郡新堀村大宮に鎮座する。高麗郷、高麗領に属していた。境内の東側には高麗川が流れている。

【由来及び文化誌】

高句麗からの渡来人若光の霊廟を始まりとする

奈良時代に創建され、高句麗からの渡来人「高麗王若光」を主祭神とする。

若光は高句麗からの使節として渡来した。朝廷から「王姓」を賜っていることから高句麗の王族出身者と考えられている。『続日本紀』（703年）に「従五位下高麗若光に王の姓を賜う」と記されている。

霊亀２年（716）に高麗郡が置かれ、関東に散在していた高麗（高句麗）人が移住した。その際、若光は高麗郡の開拓に尽力したと伝えられている。没後に建てられた霊廟が高麗神社の始まりで、若光の子孫が代々神社に仕えてきた。現宮司は若光から数えて60代目にあたる。

毎年10月19日の例祭では、氏子による獅子舞が奉納されている。400年ほど前から伝わるもので、日高市指定民俗文化財である。３頭１人立ちの獅子が舞う様は「獅子狂い」と称されるほど激しく勇壮である。

かつて、折口信夫は次のように詠った。
「やまかげに獅子ぶえおこる　しし笛は高麗のむかしを思へとぞひびく」

境内にあるチャンスン（将軍標）（写真提供：高麗神社）

【森の現況】

境内にはヒガンザクラ(推定樹齢約300年)や、ヒノキ・スギの巨木が複数存在する。参道周辺の樹木は、昭和初期に行われた境内整備以後に植えられたものである。

境内西側山中に末社「水天宮」が鎮座する。山中には、林内にヒサカキが優占するスギ林とヒノキ林が広がっている。これらのスギ・ヒノキは昭和40年頃に植林されたもので、それ以前はヤマツツジが群生していた。

また、平成30年10月1日の台風24号による強風で、多数の倒木が発生した。

背後の丘にある水天宮

境内の木々

春の桜花祭(写真提供：高麗神社)

10月19日の例祭
(写真提供：高麗神社)

7 貴船神社

【所在地】福井県坂井市三国町梶区
三国海岸・越前松島の梶区の港に接する。拝殿の横は龍宮を思わせるような美しい白浜（別名：竜ヶ浜）が広がり、拝殿の背後の松林から左側を見ると遠く雄島が望める。

【由来及び文化誌】

日本海を見下ろして水の神を祀る

祭神は、速須佐雄尊と罔象女命。女神「罔象」は、『淮南子』氾論訓の注に「水之精也」、『荘子』達生に「水有罔象」とある。稔りと「水」の管理を司る神。付近の「西谷」は、水と雨乞いの伝説を持つ「雨岡神社」が鎮座して、同じく「罔象女命」など水を司る御祭神を祀る。当社からから遠望できる雄島は島全体が神域で、マッコウクジラの姿と言われ「鯨に乗って韓神が来た」（乗鯨神来）という伝説の大湊神社の旧社領地。大湊神社の宮司は、代々、クジラを食べないタブーを守ってきたという（桑子敏雄『空間の履歴』2009年）。室町時代の社領絵図を見ると安島以外の11社は、大湊神社社領であることがわかる。

貴船神社の春祭りは、大湊神社の巡幸に合わせて行う。3月19日大湊神社を出発し、安島区をめぐり、翌3月20・21日大湊神社から崎区—梶区・貴船神社—浜地区—平山区—西谷区—嵩区—覚善区—滝谷区—宿区—米ヶ脇区—陣ヶ岡区—大湊神社（安島区）と巡る。11月3日例祭は、神輿が集落を巡幸する。

付近は、岩が多い松島海岸が広がり、白い砂が波に打ち寄せられる「白浜」は、別名「竜宮ケ浜」とも呼ばれる。当社は、海岸防風林・風光明媚の美しい風景と共に、地域を見守る氏神として信仰を集めている。

貴船神社の境内

ご神木のタブノキ

遠く雄島を望む

神社の裏側の白浜

【森の現況】

拝殿の後ろにはタブノキを優占種とし、クスノキ、ヤブニッケイなどからなる照葉樹林が広がり、その奥にはクロマツの樹林が続いている。魚つき林の代表的な樹種・タブノキは、各地でご神木となっていることが多い。

当社のご神木のタブノキは、道路からの階段や駐車場の工事で根が露出し傷を負っている。2009年の写真と比べると剪定により樹幹の広がりは半分程度に見えるが、下部からのひこばえや胴ぶきにより全体の葉量は以前より多い。切り土による根の周囲の崩落防止や支柱の設置、不定根の誘導等積極的な保存が望ましい。

8 気比の松原

★1934年国の名勝、若狭湾国定公園の一部

【所在地】 福井県敦賀市松原町
敦賀湾に位置する気比の松原は、虹の松原と三保の松原（静岡県）とともに、日本三大松原の一つ。

【由来及び文化誌】

一夜にして数千の松が現れた古代からの景勝地

『万葉集』『日本書紀』にも詠まれた白砂青松（はくしゃせいしょう）の景勝地・気比の松原。敦賀湾に面した東西約1㎞、面積約32haのアカマツ、クロマツ林である。

聖武（しょうむ）天皇の時代、異国の大軍が襲った時に、一夜にして数千の松が気比の浜に現れて、松の上に白鷺（しらさぎ）があり、あたかも軍の旗のように見えて、敵はそれを兵隊と見て恐れて、退いたという。

気比の松原は、1570～1573年頃、織田信長に没収されるまで、気比神宮の神苑だった 。以前は、燃料にするための松の枝取りや松葉かきは、神人（じにん）（下級神職）の許可を得て行った 。現在、気比神宮との関わりは見られない。

松林の中は、日々の散策を楽しむ人々や海沿いは釣りなど、地域の憩いの空間として利用される。夏は、海水浴場として賑わう。敦賀十勝（じゅっしょう）「松原」にも描かれて、美しい景観として知られている。

敦賀を経由して大陸（日本海）へ旅立つ、かつて都と日本海側を結ぶ交通の要衝であった「気比の松原」を詠んだ万葉集の歌（笠朝臣金村、巻3-366・367）などがある。反歌　越（こし）の海の手結（たゆひ）が浦を旅にして見れば羨（とも）しみ大和偲（やまとしの）ひつ（万3-367）

敦賀湾の気比の松原

敦賀十勝「松原」（画像提供：敦賀市立博物館）

気比の松原から敦賀湾を望む

広葉樹化が進む気比の松原

【森の現況】

敦賀湾に面した東西約１km、面積約32haの白砂青松の景勝地・気比の松原には、胸高直径３cm以上の樹木が１万6238本あり、その内訳は、アカマツ48％（7954本）、クロマツ32％（5190本）の他、広葉樹18％（2966本）〔ソヨゴ491本、ヤマザクラ335本、ネジキ328本〕等である。内陸側はアカマツが優占し、低木層に広葉樹が見受けられる。内陸側の市街地に最も近い場所では、アベマキの高木が優占する。

1925年の報告には、「海に向へる方面は、黒松が多く、内部は赤松が多い。潮害防備林として、3万6000株のうち、赤松が約８割で黒松が２割。風景の雄大なること、松の樹姿の美に於いては虹の松原及び慶野松原に及ばずとも裏日本に於ける松原として蓋し優位に在るものと云うべし」と記された。

9 都久夫須麻神社（竹生島神社）

★琵琶湖国定公園の一部
国宝（本殿）

【所在地】 滋賀県長浜市早崎町1821
琵琶湖北部にある竹生島（周囲２㎞）の巖金山宝厳寺弁天堂の左下に鎮座する。拝殿の前に「弁財天」がある。鳥居は広大な琵琶湖を見守るように立つ。

【由来及び文化誌】

琵琶湖の霊島竹生島で龍神を祀る

祭神は、市杵島比売命（別名：弁才天・宗像大神）、宇賀福神、浅井比売命（産土神）、龍神。天智天皇が大津に都を創られ、東北を守る要として都久夫須麻神社に市杵島比売命が祀られた。後に行基が参拝し、今の宝厳寺を開く。開山堂跡が神社本殿の隣にある。『延喜式神名帳』には、「近江国浅井郡都久夫須麻神社」と記載された。都久夫須麻神社は、水を司る龍神信仰と深い関わりがあり、かつて奉納された「雷雲蒔絵鼓胴」（1430年）は雨乞いに用いる「初音の鼓」の伝承をもつ。「竹生島祭礼図」には、新たな弁才天像を作って奉納する蓮華会という行事の様子が描かれている。

現在の祭祀は、６月14日龍神祭があり、琵琶湖の水に、感謝と恩恵を琵琶湖湖に稚魚を戻す神事で、全国から水に感謝する職業人ら（料理屋・漁師など）が集う。８月７日の童子迎えの神事では、神船が竹生島を一周する際、紅白のお札を琵琶湖へ沈める。前夜祭８月６日に禊神事、深夜から鎮魂の神事がある。

願い事を書いた土器を投げて、龍神さまの鳥居を通ると願いがかなうといい、若い人々の参拝が目立つ。氏子はないが、全国から参拝が絶えない。

船からみた都久夫須麻神社

竹生島全景

琵琶湖水神・竹生島龍神拝所

正面から望む

【森の現況】

謡曲『竹生島』で「緑樹影沈んで」と謡われ、琵琶湖八景に「深緑・竹生島の沈影」として選定されているように、竹生島は古来、タブノキ、シイ、シラカシなどの照葉樹が鬱蒼と繁り、湖面に深緑の影を映していた。とりわけ、タブノキ林は滋賀県内では有数の規模を誇り、自然性が高く、林内にはヌリトラノオ、シシラン、ヒトツバ、イノデなどのシダ植物やハナミョウガ、ヤブミョウガ、チマキザサなどが生育していた。

しかし、1982年頃からカワウの侵入・営巣によって、タブノキをはじめ、植林されたスギやヒノキが糞害による大きな被害を受け、かつての立派な森林は見る影もない状態となっている。

近年、個体数の管理により、カワウは次第に姿を消しつつある。また、タブノキの植林なども実施されている。

10 阿志都弥神社・行過天満宮

★東側スダジイ（椎の木）：
県指定自然記念物

【所在地】滋賀県高島市今津町弘川1707-1
今津宮の森公園の一角に位置する。若狭街道近く、古代から交通要衝の地とされる。饗庭野丘陵北東端の段丘に位置し、東側（旧境内地）には陸上自衛隊駐屯地がある。

【由来及び文化誌】

山桜に女神を勧請した桜花大明神

祭神は、葦津姫（木花開耶姫命）、菅原道真公。延喜式内の名社で、上野山大社、桜花大明神とも称される。社伝によると、昔この地にあった山桜の木に木花開耶姫命を勧請し「桜花大明神」と称した。行過天満宮は、菅原道真が加賀の国主として赴任する際、御詠吟「過ぎ行かれた」という由縁から長徳４年(998)に道真の曽孫にあたる菅原輔正が勧請建立されたのが始まりと伝わる。境内には、御神木の桜とスダジイの老木がある。

善積郷８集落の総社で、『近江輿地志略』（1734年）などに、白山神社（南生見）、熊野（藺生）、白山降宮（上弘）、日吉神社（下弘）、八雲神社（大供）、日枝大水別（南浜）、住吉神社（中浜）、小海大浜（南新保）とある。『名蹟図誌近江宝監』（1897年）下巻、高島郡に「神吾田鹿葦津姫命を祭り、菅原道真公が越前の国司に任せられ此社に参拝……」と記されている。

かつて、天皇御衣の黄色染料の原料として刈安という草や烏瓜の根を献上したことから、今も例祭には烏瓜の根を献じるという。毎年４月29日の「弘川祭」には、神輿巡幸があり、町内を練り歩く。

阿志都弥神社の境内

阿志都弥神社の社殿（右側にヤマザクラ）

県指定自然記念物であるご神木のスダジイ

境内に多いヤマザクラ

【森の現況】

西側にはウメなどが植栽された宮の森公園がある。拝殿前の参道両側はスギ、ヒノキの植林となっているが、本殿東から北側には当地の自然植生と考えられるシイ林（ヤブコウジ－スダジイ群集）が小規模ながら残存している。スダジイが各層で出現しているほか、シラカシ、サカキ、ヤブツバキ、ネズミモチ、ヒサカキ、ユズリハ、カクレミノ、ビナンカズラ、ベニシダ、マンリョウ、ナガバジャノヒゲ、ヤブコウジなどの照葉樹林構成種が多数生育している。

一方で、ネジキ、コシアブラ、ホツツジ、ヤマウルシ、アクシバ、ウワミズザクラなどの夏緑広葉樹も生育し、多様な種組成となっている。林床にはシュンランやタチツボスミレ、ツルアリドオシなどが可憐な花を咲かせる。

例祭で献上されるカラスウリ

11 水尾神社

【所在地】滋賀県高島市拝戸716
三尾山の山麓に鎮座する。三尾山には、拝戸古墳群があり、三尾君の祖の墳墓と伝えられる皇子塚がある。

【由来及び文化誌】

古墳群を残した古代豪族・三尾君の祖を祀る

祭神は、磐衝別命と比咩神。水尾神社は、水尾川（今の和田内川）を隔てて河南社と河北社（現在は、河南社境内に遷座）の２社あり、河南社の祭神は、磐衝別命、河北社の祭神は、継体天皇の母君振姫命（2013年、河南社本殿再建により振姫命を合祀した）。磐衝別命は、猿田彦命を奉る三尾大明神を遙拝されたので、この地を「拝戸」と称する。磐衝別命は、当地で亡くなったので、その御子・磐城別王は三尾山の杣山に葬り、父君を奉斎する水尾神社を創建されたと伝える。

『近江輿地志略』（寒川辰清、1734年）には、「水尾山の麓也。川を隔て、南は猿田彦命河南社と号す。北は天鈿女命、河北社と号す」と記された。『三尾大明神本土記』に「昔猿田彦命は……比良山の地に鐙崎・吹御崎・鏡崎の三つの尾崎が通行の妨げとなり、崩しその手柄により三尾大明神の名を賜った」とある。

平成８年、氏子の奉仕により、池や石作りなど、水尾庭園が作られて、風景を楽しむ新たな名所になった。５月３日の例祭は、祇園囃子と神輿の渡御や太鼓保存会の奉納太鼓があり、氏子や地域の人々が「水尾神社唱歌」（作詞：河毛整氏）を歌う。「仰げば高き三尾山のふもとに繁る松の内／祀れる神はかしこくも磐衝別の命なり／流れも清き加茂川のほとりに茂る森のかげ／いつきまつるは尊くも比売大神の社なり」。10月中旬に秋正月儀式などがある。

水尾神社の境内

拝戸古墳群の巨石

水尾神社の庭園

例祭の神輿

【森の現況】

境内の北～西側にはヒノキやスギの植林がみられる。南側斜面には、整備された庭園の周囲にシイの古木10数本が単木的に残存し、コナラなどの雑木林(二次林)が広がっている。当社は岳山(562m)北麓に位置し、人の手が入った里山にはコナラやアカマツなどの二次林、神域にはシイやアラカシなどの照葉樹林がそれぞれ生育していたことがうかがえる。

境内にはニホンザルが現れ、シイの実を食べる光景がみられる。

12 日吉神社

★重要文化的景観・日本文化遺産

【所在地】滋賀県高島市新旭町針江578
新旭町針江地区の針江大川沿いに位置する。集落の中央を流れる針江大川は琵琶湖に流れ込む。比良山系に降った雪・雨が伏流水として湧き出る。

【由来及び文化誌】

湧水の里の鎮守の森

祭神は、玉依姫命。安曇川水系の針江大川沿いに位置して、水と関わる祭神の由来と考えられる。

『新旭町誌』、『高島郡誌』は、「饗庭村大字針江字に鎮座する。針江の氏神なり祭神玉依姫命」と記す。

針江地区は豊富に湧き出る安曇川水系の伏流水の湧水を循環利用した「川端」があり、各家の壺池にはコイなど淡水魚が飼われ、夏には野菜や果物を冷やす用途にも使用される。

2014年環境省・日本エコツーリズムの「エコツーリズム大賞」を受賞した。集落は、地域の景観維持などさまざまな取り組みを行っている。日本のみならず世界各地から訪ねる人は絶えない。

例祭は５月３日・４日である。５月２日の宵宮は、「湯立て神事」があり、翌日の例祭の祓いを行う。お湯に笹をつけて、魔除けとして各家で玄関に飾る。

日吉神社とその前を流れる針江大川

湯立て神事

針江大川には梅花藻やコイなど、さまざまな生き物が生息する

家々にある川端

【森の現況】

本殿の周辺は、全体としてはヒノキやスギの比較的若い植林であるが、ケヤキやエノキなど落葉広葉樹、タブノキ、クスノキ、スダジイなどの照葉樹も生育し、当地域の自然植生の名残りを留めている。古木のタブノキの幹折れ・腐朽が見られ、周囲の樹々の枝の整理により樹勢の回復が望まれる。

境内には、他にイチョウ、ヤブツバキ、イヌマキ、アカマツ、ソメイヨシノなどが生育する。

なお、鳥居前には針江大川が流れ、清流のシンボル・バイカモが群生している。

13 白鬚神社

★国指定重要文化財（本殿）

【所在地】滋賀県高島市鵜川215
琵琶湖の西岸比良山の山麓に鎮座。神社の前は琵琶湖が広がり、湖中に立つ鳥居は神社の象徴として知られる。琵琶湖に突出した御崎に位置し、湖上を往来する舟から目印となった。

【由来及び文化誌】

琵琶湖中の鳥居で知られる延命長寿の神

祭神は、猿田彦命（猿田彦大神）。別称白鬚大明神・比良明神。

猿田彦命は、『古事記』に、瓊瓊杵尊の天孫降臨の道開き、先導の神とされる。『近江輿地志略』(1734) は、「当社の鳥居は湖水中にあり、昔は陸地にてあり、湖水増して今水中となる」と記す。また、「この神、寿命を守り給ふ故、遠近の輩参詣して名を乞う」とあり、いまは「延齢会」が主に支えているという。

『近江名所図会』(1814年) には、「比良の麓、打下（地名）にあり、比良明神ともなづく」と記す。全国白髭社292社の中心的な社。弘安３年(1280) の『比良庄絵図』に「白ヒゲ大明神」と記され、『太平記』巻18（14世紀成立）に「白鬚明神」とみえる。

楽浪の比良山風の海吹けば　釣する海人の袖かへる見ゆ（槐本　万葉集九、1715）

さくら咲く比良の山風ふくまゝに花になりゆく志賀のうら浪（藤原良経　千載和歌集二　春下）

当社の例大祭は、５月３日の春の例祭、９月５～６日の「なる子まいり＝秋季例大祭」があり、御神前で２歳の子供に本名とは別の呼び名を神社から与え、その名を３日間呼ぶと子供が健やかに育つと伝える。

比良山と白鬚神社全景

岩戸社

マツ類の多い境内（写真提供：呉佩珍氏）

琵琶湖に立つ鳥居は 1937 年に再建

【森の現況】

琵琶湖と面する国道161号沿いには湖畔の砂浜に多いマツ類（アカマツ、アイグロマツ）が生育している。山頂は松枯れが遠くからでも目につく。

裏山の岩戸社付近は天の岩戸の古墳があり、シイの大木が多数生育しているが、上枝が白骨化した個体が多く、生育は芳しくない。原因としては土壌の乾燥化や根の衰弱などが考えられる。

また、周辺の植林には鹿食害防止用のビニールテープを巻いているが、下草は少ない。

鳥居付近の松（７本）は、踏圧被害が見られる。土壌改良などの対策が必要と思われる。

なお、本殿裏側の右手にナギが１本植栽されている。

14 大表神社

【所在地】滋賀県長浜市高月町柳野
東柳野の余呉川左岸平地に立地。余呉川の支流、磯野地区内の赤川に設けた井堰から引いた用水「磯野井」からの水が神社の周囲を結界のように囲み、農業用水として使われる。

【由来及び文化誌】

古代の水田開発とともに大和国の龍王を合祀

祭神は応神天皇。延喜式神名帳の「大水分神社」、通称「子守の八幡」。705年伊香郡開発のため、墾田養水分流の地に大和葛城八大龍王を合祀し、祈雨神大水分神と称したのが当社の創始。1265年佐々木近江守氏信が八幡宮を合祀して、大表八幡宮と称されたと伝える。

一帯は、たびたび余呉川の氾濫があり、「飯浦」など水と関連する地名が残る。昔、大洪水で７つの集落（東柳野、西柳野、重則、松尾、柳野中、磯野、熊野）に分散したと伝わる。

２月11日「おこない」がある。頭屋が一年間、ご神体（「エビさん」と呼称する藁の注連縄に御幣を立てる）を家に飾り奉仕する。この日新しく作った注連縄と御頭（オトウ）と呼称する鏡餅を供える。

例大祭（４月２日）は、お供えとささやかな祭礼が行われる。

拝殿の横にモミをご神体とする柳野中の野神が祀られている。８月17日お酒、赤飯など様々なお供えで祭りを行う。

大表神社の境内

神社の周囲を流れる磯野井

おこない（写真提供：高月観音の里歴史民俗資料館）

4月2日の例大祭

【森の現況】

当社は、余呉川の氾濫原に位置する小規模な社叢で、シラカシ群集ケヤキ亜群集と思われる。立地の安定化にともなってスダジイ林に移行しつつある。

高木には、ケヤキの他、スダジイ、シラカシ、植栽されたスギ、ヒノキ、クスノキが生育している。

亜高木はシラカシ、モチノキ、ネズミモチ、サカキ、ヤブニッケイ、アオキ等の照葉樹の他、イチョウ、イロハモミジ、ソメイヨシノ、カンツバキ等が見られる。

拝殿の横に平地には珍しいモミの大木が野神として祀られている。

樹木の伐採、植栽、下草刈りなどによって森が単純化して、階層構造も未発達な状態となっており、今後、後継樹の育成などによって豊かな森の再生が望まれる。

15 芳洲(ほうしゅう)神社

★朝鮮通信使に関する日韓両国計111件333点「世界記憶遺産」

【所在地】 滋賀県長浜市高月町雨森1166
長浜市高月町の北東部、高時川右岸の扇状地に雨森芳洲の出身地・雨森集落がある。ここは、水路の水を活かした郷土づくりとして知られる。

【由来及び文化誌】

日朝友好に貢献した儒学者を祀り、現代の地域づくりにも貢献

江戸時代の儒学者・雨森芳洲(あめのもりほうしゅう)(1668－1755年)を祭神とする。雨森芳州は、1698年朝鮮方佐役(かたたすくやく)に任命されて、1703年から1705年まで釜山(プサン)の倭館に滞在して、朝鮮語を学び日本に帰った後、日韓の外交の架け橋となる。朝鮮王朝が日本に派遣した外交使節「朝鮮通信使」訪問の際、外交に優れた功績を残した。外交の基本は「誠信」にあるとし、藩主に上申した対朝鮮外交の指針書『交隣提醒(こうりんていせい)』で、「朝鮮交接(こうせつ)の儀(ぎ)は、第一に人情・事勢を知り候事(そうろうこと)、肝要(かんよう)にて候」「互いに欺(あざむ)かず争わず、真実を以て交わり候を、誠信とは申し候」と説いた。

当地は、雨森芳洲の生誕地であり、東アジア交流ハウス「雨森芳洲庵」は、日本と韓国の学生との交流の拠点になっている。また、雨森集落の町づくりの一つの拠点となっているのは雨森芳洲庵である。当地は、古くからあった用水路を利用して、美しい地域づくりに取り組み、建設省の「手作り郷土賞」にも選ばれ全国に知られている。例大祭は5月と12月。

芳洲神社の境内(写真提供：大谷一弘氏)

東アジア交流ハウス「雨森芳洲庵」（写真提供：大谷一弘氏）

対馬の芳洲会から送られたヒトツバタコ（写真提供：大谷一弘氏）

集落内に掲げられている「芳洲先生の七つの願い」

【森の現況】

当地の自然植生は、湖北地方の平野部や山麓の社寺境内、河川の自然堤防などの湿潤地に多いシラカシ群集ケヤキ亜群集である。

1924年（大正13）、芳洲会が設立され、創建された当社や雨森芳洲文庫（現在雨森芳洲庵）の敷地内にはケヤキやシラカシの大木が生育している。

敷地内には対馬や朝鮮半島に自生するヒトツバタゴ（ナンジャモンジャ）が植えられ、対馬藩に仕えて対朝鮮外交に尽力した芳洲の遺徳を偲んでいる。

その他、クスノキ、スギ、イロハモミジ、サカキ、ヤブツバキ、キヅタ、ヤドリギなどがみられる。なお、近くにある天川命（あまがわのみこと）神社にはイチョウ（県自然記念物）やケヤキ、ツガなどが生育している。

日本の朝鮮通信使の昔の道をたどる韓国の学生たち

16 天神社

【所在地】滋賀県長浜市平塚町104
伊吹山の麓の、平塚集落の水田の中にある。村の奥に、清水が湧き出る「万土池」から流れる小川は、かつて、飲料水・農業用水として大切な水として使われた。

【由来及び文化誌】

浅井氏の姫に始まると伝わる小川の清掃行事

祭神は、菅原道真公。すぐ傍に位置する寺院、小谷山実宰院と深い関わりがある。小谷山に城を構えた浅井久政の長女・阿久姫が仏門に入り、戦乱の時には弟である長政の妻・お市と娘たちが、この寺に一時身をよせたと伝わる。『浅井郡史』（明治34年刊行）によると元和7年（1622年）勧請された。

お正月以外の毎月1日「おみき」という行事があり、まず村を流れる小川を清掃してから、当番になった神主（この日のみ）の1軒が、酒と肴2品神前に供える。その後、参加した人々は、拝殿の前で、お下がりのお神酒と肴を楽しみながら談話するという。雨の日も雪の日も400年余り、欠かしたことがないという。一説によると浅井姉妹が村人と馴染むように行ったという。

2月23日の「おこない」は、当屋に集まり、祭主が記帳する当屋帳というがある。来年の当屋を決めるくじを行う。

4月24日の春例祭「湯の華」では、湯立神事がある。湯につけた笹は、1年間の火防のお守りとして持ち帰り、「お勝手」に置く。9月24日（秋の例祭：灯明）はお宮に提灯をつけて、神迎えの意味合いがあるという。

毎月1日の「おみき」行事

社叢の全景

「おみき」の川掃除

天神社の境内

【森の現況】

小高い丘にある鎮守の森で、全体的にはアベマキを優占種とする二次林（里山植生）となっている。上層にはイヌシデ、コナラ、タカノツメ、ネジキ、ケヤキ、ヤマザクラなどの夏緑広葉樹やシラカシ、モチノキ、クスノキ、サカキ、ネズミモチ、ヤブツバキなどの照葉樹、さらにヒノキ、スギ、コウヨウザンなどの針葉樹が混生し、多様な樹種構成となっている。

シラカシやモチノキは各層で出現しており、シラカシを主体とする照葉樹林が当地域の潜在自然植生と思われる。

2013～14年、県緑化推進会の支援を受けて林内整備が進められ、下草刈りや花木の植栽などが行われた。

今後、森林としての持続的な保全のため、上層木の幼・稚樹の保護育成などが望まれる。

17 奥石（おいそ）神社

★「老蘇の森」国指定史跡、滋賀県緑地環境保全地域
「社殿」国指定重要文化財

【所在地】滋賀県近江八幡市安土町東老蘇1615
繖山（きぬがさ）と箕作山（みつくり）の間の盆地の山本川流域に位置する。参道は旧中山道に面している。1947年の国道８号、1964年の東海道新幹線開通によって森は東西に分断された。

【由来及び文化誌】

平安時代から数々の歌に詠まれた社叢林の中に鎮座

祭神は天児屋根命（あめのこやねのみこと）。延喜式内社。「鎌大明神」と称されて、安産祈願の信仰を集めている。

当地は昔、地割れし水が湧く土地であったが石部大連（いしべのおおむらじ）が神の助けをえて、松、杉を植えたところ、森林となったので大連は悦び森の中に神壇（神社）を設けたと伝える。石部大連が長寿であったため老蘇森（おいそのもり）（老（おい）が蘇（よみがえ）る）と呼ばれる。湿地の水を集めるために作った水路と伝わる「小屋川」が境内を流れ、その水は周囲の水田を潤したとされる。「奥石神社古図」（嘉永年間1848～53）には、杉・松など繁茂した森と小屋川が描かれている。

「夜半ならば　老蘇の森の郭公（ほととぎす）　今もなかまし　忍び音のころ」（本居宣長）、「郭公（ほととぎす）なを人声はおもひいでよ　老曾の森のよはの昔を」（藤原範光　新古今和歌集三）など、数々の文人の詩や俳句がある。

当地は、幣村、真村、駒村の３つの宮座「おとな（長生）」のうち２人が、１年間毎日神社に出向き、奉仕する地域で神社の運営などを見守る。春の大祭（４月５日）には、勧請縄を添えた大松明と翌日の本祭りがあり、氏子による神輿渡りなどが盛大に行われる。

奥石神社の境内

【森の現況】

当神社の社叢林は古来「老蘇の森」と呼ばれ、平地の森としては全国で初めて1949年に国の史跡に指定された。

主要な樹種は植栽されたスギやヒノキであるが、シイ、アラカシ、ウラジロガシ、タブノキ、クロガネモチ、ヤブニッケイ、シロダモ、アオジクユズリハなどの照葉樹やケヤキ、ムクノキ、エノキ、ウワミズザクラ、イヌザクラ、コナラ等の夏緑広葉樹が多数混生し、林床にはリョウメンシダ、オオハナワラビなどシダ植物も多い。

『近江名所図会』(1805)に描かれた杉・檜・欅などが繁る状態から、部分的に当地域の潜在自然植生である照葉樹林へと遷移しつつある。スギやヒノキなど植栽樹種の育成とともに、自然林が更新可能な維持管理が必要と思われる。

2018年９月の台風21号により倒木などの大きな被害があった。

2004年奉納の境内図（一部拡大）

「老蘇の森」の全景

杉・檜などの森と境内を通って水田に流れる小屋川

18 河桁御河辺神社

★市指定保護樹林（全域）
県指定有用広葉母樹林ケヤキ９本

【所在地】滋賀県東近江市神田町381
鈴鹿山脈から流れる愛知川の中間地点、御河辺橋の側に鎮座。神田町は、古代渡来人と深く関わる所である。

【由来及び文化誌】

鈴鹿山脈から流れ出る愛知川のほとりに鎮座

主祭神は、天湯河桁命（農耕水利の神）と、瀬織津姫、稲倉魂命を祀る。愛知川の源、君ヶ畑に惟喬親王の宮居があり、御川辺神社と称したが明治16年に現社名となる。延喜式内社で、「近江国神崎郡二座　乎加神社、川桁神社」（906年）とあり、この川桁神社が当社に当たる。

『近江輿地志略』（1734年）神崎郡二に「此の神社の辺は愛智川の水上にして和南川の辺也。此川の北東の源は、君ケ畑也。彼親王の宮居ありし故に御園と号し……其御川の辺に御川辺神社」と記された。

３月例大祭（裸祭）の「渡御行列」は、神輿と神馬・神主、野村・妙法寺・神田の３字から頭人が馬上にて、神田—若松天神社—野村—妙法寺—綾ノ森の順に１里余りを渡る。若者は手拍子で伊勢音頭を歌いながら進む。

各町では、五穀豊穣を願い、田の土壌の上に竹を差して御幣を立てて、魚・塩、米などを供える「オハケ神事」がある。１月15日粥占い神事、２月１日疫病災厄祓祭（伊勢神楽）、９月第１日曜に秋祭り（甘酒祭り）がある。

河桁御河辺神社の境内

ケヤキの大木

オハケ神事

例大祭の行列

例大祭の行列

【森の現況】

愛知川中流域の自然堤防に位置する当社叢林は、全体的には比較的樹齢の若いスギやヒノキの植林となっているが、社殿周辺や参道沿いにはケヤキ、ムクノキ、エノキなどの夏緑広葉樹の巨木にタブノキ、アラカシ、カゴノキ、ヤブニッケイ、ネズミモチ、モチノキ、ヤブツバキなどの照葉樹を交えた河辺林特有の自然植生の面影をとどめている。

林内にはコブシ、キクザキイチゲ、ヒトリシズカなどの冷温帯性植物、リョウメンシダなどのシダ植物が多く自生するなど、生物多様性に富んだ豊かな森林生態系を形成している。

愛知川畔の防災林としての役割も担っており、持続的な保全を考えるとき、密植されたスギやヒノキの間伐とともに、上層木の貴重な幼・稚樹を育成するなどの対策が必要である。

全域が市保護樹林(1978)に、巨木のケヤキ９本が県有用広葉母樹林(1988)に指定されている。

19 御上神社

★本殿は国宝、拝殿・楼門・摂社若宮本殿・木造狛犬が重要文化財

【所在地】滋賀県野洲市三上838
野洲川沿いの三上山の西麓に鎮座する。三上山は、標高432m「近江富士」ともよばれ、俵藤太のムカデ退治の伝説で知られる。

【由来及び文化誌】

近江富士「三上山」を神体山として祀る

祭神は、天之御影大神。地誌『近江輿地志略』(寒川辰清、1734年)は、頂上に石造の地蔵があって、「龍王」と称し、毎年5月18日に龍王祭を行うとしている。『近江名所図会』(1815年)に「野洲川の堤の西に位置。御社の林園広くして森然たり……三上山一名杉山。絶頂に八大龍王の祠あり。毎歳六月十八日龍王祭、遠近来つて登山す」と記す。御上神社の「三上社政所置文案」(1312年2月5日)によると「三上社神領山河之事　山千町河千町田千町」と記された。

三上山は、「ちはやぶるみ神の山のさか木葉は栄えまさる末の世までに」(大中臣能宣)、「万代の色も変はらぬさか木葉はみ神の山に生ふるなりけり」(よみ人しらず・ともに『拾遺和歌集』一〇　神楽歌)などと詠われた。

祭礼は、2月17日祈年祭、5月(第3日曜)春季例大祭、旧暦6月18日に影向祭(山上祭)、6月1日御田祭、10月9日に献江鮭祭(甘酒神事)などが行われる。10月の「ずいき祭り」は、宮座(長之家・東座・西座)によって行われる。祭の前、甘酒神事では、甘酒、めずし(タデずし)、鯇(ビワマス)など、野洲川の恵みが供えられる。

御上神社の境内

【森の現況】

社叢の大部分はヒノキを主体とするヒノキ・スギ植林であるが、社殿東側の国道沿いにかけて帯状にスダジイが優占する照葉樹林が、西側にも部分的にスダジイとヒノキが同程度に優占する針広混交林がみられる。

林冠を構成する樹種としてはヒノキ、スギのほか、照葉樹のスダジイ、クスノキ、アラカシ、シラカシ、クロガネモチ、サカキ、シャシャンボ、ナナミノキ、ヒメユズリハ、夏緑広葉樹のケヤキ、ムクノキ、エノキ、ウワミズザクラ、ヤマザクラ、コナラなどである。

特筆すべきはヒメユズリハをはじめ、イヌビワ、ホソバイヌビワ、ムベ、リンボク、ヤマモモ、クロバイ、ヒトツバなど暖地性海岸性植物が多く生育していることである。

境内を流れる「神之井」の灌漑用水の伏流水は、樹木の生育に貢献していると考えられる。

その山容から「近江富士」とも呼ばれる三上山

神之井

ずいき祭りの神輿

20 兵主大社

★滋賀県緑地環境保全地域、楼門は滋賀県指定文化財
庭園は国指定名勝

【所在地】滋賀県野洲市五条566
野洲市五条と六条の間、新川近くに位置。野洲市の旧中主町一帯は、「豊積の里」と呼ばれた。鎌倉時代に導水路を設けて作られた園池がある。

【由来及び文化誌】

かつては源氏や足利氏にも信仰された十八郷の総氏神

祭神は大己貴命。『兵主大明神縁起』によると、養老２年(718)の祭神鎮座とされる。『三代実録』貞観４年(862年)正月二十日条に「近江国従五位上勲八等兵主神正五位下」とある。貞観16年には従三位へ昇格した。欽明天皇の時代に播磨別など琵琶湖上を渡り大神を奉じて、今の宮域に遷座されたと伝える。中世は武将の信仰が厚く、源氏や足利氏など、武将の崇敬を集めた。「兵主十八郷」と称する氏子地域の総氏神で、兵主大神の鎮まる地として仰がれた。

例大祭(兵主祭)５月５日は、太鼓10基余りと21社の神輿の行列が、年１回集う。各神輿を中心に行う「鵜の鳥抜き」が名高い。10月中旬に、秋例大祭の鮒寿司祭りがある。12月初旬の八ツ崎神事(オコリカキ)は、兵主の神が亀に乗って渡御された伝承の再現で、当日は、船頭役・木村家とともに宮司が湖中を沖まで進み、禊をして祝詞を唱える神事などがある。

兵主大社の境内

【森の現況】

境内は、約３万4000㎡の広大な面積を誇る。鳥居から楼門まで約200ｍの馬場の両側には美しく剪定された松並木（クロマツなど約160本）が続く。

楼門から拝殿にいたる広い参道の両側や本殿裏にはクスノキの大木をはじめ、アラカシ、クロガネモチ、カクレミノ、サカキ、モッコクなどの照葉樹や、ヒノキ、スギ、イロハモミジなどもみられる。

また、境内にはヤマモモ、オガタマノキ、コウヨウザンなど珍しい樹木もみられる。

明治８年の図にはマツが描かれているが戦後、クスノキ等が植樹された。

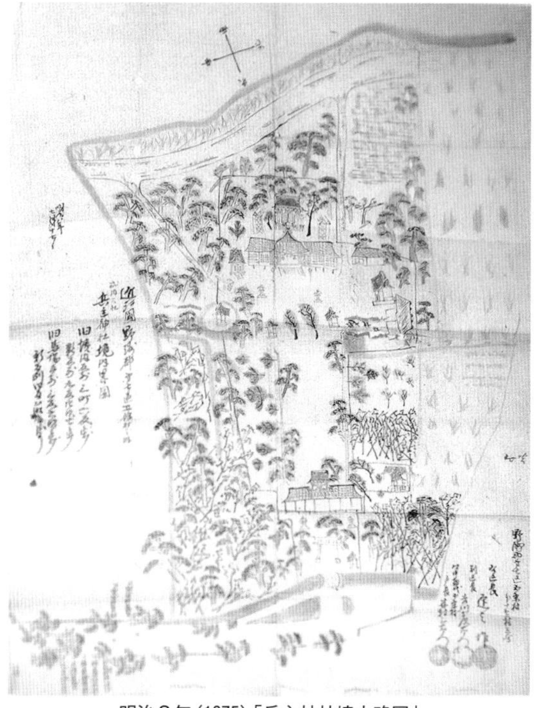

明治８年（1875）「兵主神社境内略図」

足利尊氏寄進の楼門を前に行われる
５月５日例大祭（兵主祭）の「鵜の鳥抜き」

国指定名勝　平安時代の作庭とされる石組の庭園（写真提供：兵主大社）

21 新川神社

★風致保安林

【所在地】滋賀県野洲市野洲69
新川神社は野洲川の中流に位置する。野洲川下流には同名の下新川神社が鎮座している。境内に池と厳島神社が祀られて、池にはコイなどが生育する。

【由来及び文化誌】

壬申の乱に由来する野洲川中流の古社

祭神は、須佐之男命。配祀神は大物主命、奇稲田姫。野洲川の中流に位置し、野洲川沿いの司水神として干魃には降雨乞い、続く降雨の際は晴れ祈願などの営みがある。地下水が豊富で、湧き水が出て池が作られた。社伝には、天武天皇と弘文天皇が野洲川を隔てて争った壬申の乱の際、大雨で野洲川の流れが変わり、天武天皇は勝利祈願で成就し、686年社殿の造営なったと伝える。

『延喜式』(905年) 巻九・十の「神名帳」式内社には御上神社、兵主神社と並んで下新川神社、上新川神社の記述がある。『滋賀県神社誌』に、「野洲川が度々氾濫し社殿や境内等は被害を受けたが、その度ごとに再興された。野洲の町衆、船仲間等の崇敬厚く現在に至る」と記された。森は、野洲川の防災林として役割を果たして、社殿を見守る。

10月17日に近い日曜日、五穀豊穣・草木に感謝する「草木祭」があり、夜中3時前後から神饌を作り、同日午前8時にお供えする。祭典終了後その神饌を切り分け、およそ200戸の氏子に撤饌として頒布する珍しい祭りである。

新川神社の境内

池と厳島神社（放生池）

草木祭の神饌「ご供さん」（写真提供：新川神社）

下新川神社（守山市幸津川町）

【森の現況】

社叢林の大半はヒノキとスギの植林であるが、林内にはヤブツバキ、アラカシ、クスノキ、ナナミノキなどの照葉樹が混生している。ヒノキやスギは間伐が不十分で、密植し過ぎたため幹が細く、樹高の高い樹林となっている。林内に光は少なく、昼なお薄暗い。

拝殿の横にご神木のクロガネモチが生育しているが、老大木ながら樹勢は良い。

野洲川の近くにあり、伏流水が絶えず湧き出している。拝殿の横には湧水を活かした池が作られ、厳島神社の祠がある。

地下水が豊富であることから、樹木の生育環境は良いと考えられる。熱心な氏子や地域の人々によって管理が行き届いている。

クロガネモチの御神木

22 鏡（かがみ）神社

★本殿：重要文化財

【所在地】滋賀県蒲生郡竜王町鏡字古宮1290
神体山・鏡山（竜王山384m）山麓に鎮座。竜王山頂上の大岩の所に「貴船神社」が鎮座し、水の神八大龍王（高龗神（たかおかみのかみ））を祀る。竜王山は、町名の由来となる。

【由来及び文化誌】

古代の渡来系集団の移住地で新羅の王子を祀る

祭神は、天日槍尊（あめのひぼこのみこと）、天津彦根命（あまつひこねのみこと）、天目一箇神（あめのまひとつのかみ）。摂社は若王子神社、雨宮神社、守山神社、大島神社、八幡神社。

『日本書紀』に「新羅王子天日槍（あめのひぼこ）の来帰の条に近江国吾名邑（あなむら）暫往……近江国鏡谷陶人則天日槍之従人也云々」という。1808年の書き写された『鏡山由来記』に「日槍の従者この谷に居して、吾名邑又は陶村に住みて後は志加貴山へ移り……」と記された。

『近江名所図会（ずえ）』（1815年）に、「天日槍という者、日の鏡を収めしより名付け始めしなり、この裔陶人となり、陶をつくりける」と記された。渡来人・天日槍子集団は、陶芸・医術・弓師などのさまざまな文化を伝え、当地は「須恵器」の主産地だった。源義経が当地で元服して源氏の再興を祈願したと伝える。

なお、鏡山（別名：竜王山）を歌った和歌が多数ある。「花の色をうつしとゝめよ　鏡山春よりのちの影や見ゆると」（坂上是則　拾遺和歌集一）、「鏡山山かきくもりしぐるれど紅葉あかくぞ秋はみえける（素性　後撰和歌集七〈秋下〉）など。

４月29日の例大祭には、米粉でつくった神饌と舞を女児10名がつとめ、男児の弓神事も奉納される。７月10日に竜王山頂の貴船神社で「湯上げ神事」、12月中旬に男児を主役とする「とがらい祭り」などがある。

鏡神社の境内

竜王山に群生するコバノミツバツツジ（地域名アエンボ）。竜王町の「町の花」に指定されている

竜王山を望む

山頂の貴船神社

海・山の幸を「山」の形にして供える例大祭の神饌

【森の現況】

神域は鏡山山麓の人里に近く、里山植生の面影を残している。

神社の裏山はコナラやアカマツ、コバノミツバツツジ（アエンボ）、モチツツジ、ネジキ、ソヨゴなどが生育する二次林であるが、本殿の周辺は樹齢の若いヒノキやスギの植林となっている。昔はマツタケがよく採れたマツタケ山だったようであるが、松くい虫で今ではアカマツは少なくなっている。

大正６年（1917年）、大正天皇が特別演習のおり、鏡神社宮山に行幸され「御幸山」と呼ばれた。

集落に近く、気軽く登れる山で眺めも非常に良い場所なので、灌木や下草を整理すれば、「市民の憩いの場」として活用が期待される。

なお、本殿南側には一部アラカシ林があり、サカキ、モッコク、クロガネモチ、ヒサカキ、クスノキなどの照葉樹が生育している。また、南東斜面の集落との境には竹林がみられる。

23 苗村神社

★西本殿（国宝）、境内社八幡神社本殿、十禅寺社本殿、
楼門、神輿庫、東本殿（重要文化財）

【所在地】滋賀県蒲生郡竜王町綾戸467
雪野山、竜王山（鏡山）の間の平地に広がる日野川の沖積平野のほぼ中央に鎮座する。一帯は、佐久良川と前川の合流地点が近く、水と深い関わり、肥沃な耕地が広がる。

【由来及び文化誌】

33年に一度の式年大祭で知られる33郷の氏神

東本殿は、那牟羅彦神、那牟羅姫神、国狭槌尊。西本殿は、大国主神、事代主神、素盞嗚尊の三神。

延喜式神名帳に長寸神社として列座された式内社。寛仁元年朝廷に長寸郷より門松用の松苗を献上した、後一条天皇から苗村の称号を賜り苗村神社と改称したと社蔵文書は伝える。『日本書紀』巻六垂仁紀三年三月に「天日槍、近江国吾名邑暫く住む」、『鏡山由来記』に、「天日槍の従者この谷に居して、吾名邑又は陶村に住みて後は志加貴山へ移り」と記された吾名邑が当地とされる。

4月20日の例祭は、古式ゆかりの武者行列や羯鼓踊り、鎌踊りなどがある。神部（鵜川と駕輿丁）、島村、殿村（川守、岩井）、子之初内（田中・綾戸）、奥村（浄土寺、庄、林）、川上村、駕輿丁村の９つの宮座から神馬10頭と御輿３基が、駕輿丁―川守―日野川（旅所）の順番で渡御する。５月５日に節句祭流鏑馬、11月3日郷大祭（33郷）。33年に一度行われる33郷の式年大祭は、３日間渡御・甲冑武士の行列・太鼓踊り・山車などの奉納が行われる。

石碑に祭礼の掛け声「雲生井戸掛　大穂生　物禮詣與下露」と刻まれている。

苗村神社の境内（東本殿）

社叢全景

参道（東本殿）

楼門前での流鏑馬

【森の現況】

室町時代の楼門の前に用水が流れる。入口に龍神池、周囲に、深田池と牟礼公園もある。東本殿は、広大な森の中に自然な形の小川が流れる。

広大な神域は県道を挟んで東西に分かれている。社叢の大半はヒノキやスギの植林となっているが、林内にはシラカシ、アラカシ、ナナミノキ、クロガネモチ、クスノキ、ヒメユズリハ、モッコク、カクレミノ、ヤブツバキ、サカキなどの照葉樹が多数生育しており、当地域の潜在自然植生が照葉樹林であることを物語っている。

なお、東本殿の御神木はスギで、西本殿にはシイの老木がある。近年、シラサギ類によるコロニーが見られる。

祭礼の掛け声が刻まれた石碑

24 印岐志呂(いぎしろ)神社

★草津市自然環境保全地区

【所在地】滋賀県草津市片岡町245
野洲川支流の中村川沿い位置する。周囲は水田に囲まれているが、守山市今宿に至る全長7㎞の志那街道沿いで、境内には古墳もある。

【由来及び文化誌】

悠紀斎田に定められたことを社名の由来とする古社

主祭神は大己貴之命(おおなむちのみこと)、国常立尊(くにのとこたちのみこと)。鎮守の杜の奥に祭られる奥御前社の祭神は、水を司る別雷尊(わけいかづちのみこと)。由緒は、この地が用明天皇即位二年(587年)に大嘗祭(だいじょうさい)の悠紀斎田(ゆきさいでん)(天皇即位の年に新穀を作り献上する所)に定められたことから、ユキ代(しろ)→イギ代になり、社名になったと伝わる。

『近江栗太(くりた)郡志』には、「上古此の一帯の地を開墾せし……稲を取り扱ひし所拠りて当社を祀り」、「老樹古松森蔚タリ」と記された。『名蹟図誌近江宝鑑』には、「十三大字の惣社ナリ。社司駒井の家系たる天日槍命ノ後孫にして当社鎮座以来奉仕」と記された。日照りが続く時には、「奥御前社」で、雨乞い祈願を行ったという。野洲川支流の用水利用の協調と関わり、田植え前後水田の水の分配担当者が一切を仕切る湯立神事が行われる。当社では“おっかーさんの湯”と呼ばれる。

例祭(5月3日)には、大宮・二の宮・三の宮・若宮などの各宮座から代表神輿が神社に集まる。その際、下流地域の下物(おろしも)町より、「みごく」を供える。片岡町・長束(なつか)町には太鼓踊りのサンヤレ(無形文化財)が伝わっている。他に、2月に祈年祭、8月に万灯祭、11月に新嘗祭などが行われる。

社叢全景。中央を流れるのが中村川

【森の現況】

広大な神域を有する神社で、スダジイ、クロガネモチ、アラカシ、オガタマノキ、クスノキ、ヤブニッケイ、カクレミノなどの照葉樹に植栽されたスギやヒノキなどを交え、鬱蒼とした社叢林を形成している。

林床にはマンリョウ、センリョウ、カラタチバナ、オオアリドオシ、イヌビワ、テイカカズラ、ビナンカズラ、ヤブミョウガ、ベニシダなどの照葉樹林構成種が多数生育し、当地域の自然植生の面影をとどめている。

なお、当社のご神木は県内では珍しいオガタマノキ(招霊木)である。

本殿と社叢林

例祭

印岐志呂神社古図(年代不詳)

25 日吉大社

★国宝２、重要文化財17棟（日吉三橋含）。山王神輿７、国の史跡

【所在地】滋賀県大津市坂本5-1-1
比叡山（848m）の東麓、八王子山（381m）の奥宮、山王三聖（東・西本宮、宇佐宮）、山王21社さらには108社の神々が鎮座する。八王子山を横川から下る大宮川と小谷川は、琵琶湖に至る。

【由来及び文化誌】

全国に3800余りある日吉・日枝・山王神社の総本宮

東本宮は大山咋神、西本宮は大己貴神を祀る。『古事記』に「大山咋神、この神は近淡海の国、日枝の山に坐す神、またの名を山末之大主神。また葛野の松尾に坐し鳴鏑をもつ神」と記す。山末は山の頂であり日枝（比叡）山に鎮まる山の神信仰が本源の姿であろう。比叡山の神の遥拝殿として発達をみせた。

回峰行のルートにある横高山の山腹に、その本源地と伝える鯛釣岩と称する磐座があり、これを東本宮の神と伝える説もある。

他方、奈良県の三輪山、大神神社からの勧請神として祀ったのが西本宮という（日吉社神道秘密記・1577）。また大津京守護の神として天智天皇が三輪から勧請したとも伝える。787年に比叡山に入山した伝教大師最澄が延暦寺を創建、歴代の円仁・良源・相応などがこぞって日吉社を護法神としてあがめ神仏習合化を進めた。

祭祀は、中世には年に８回本殿の御扉を開いて神事を行っていた（八ヶ度神事）が、現行で残るのは元旦と４月の山王祭のみで、他に仏事の山王礼拝講が古式として行われている。山王祭は３月から４月中旬まで１カ月半を要し、神輿、大榊をつかって八王子山、山麓、琵琶湖へと神々が巡幸する。全国の日吉神社、山王神社、日枝神社の総本宮である。

境内入口の鳥居の間から八王子山を望む

巨木の茂る参道

ご神木のタラヨウ

境内を流れる大宮川

松明を担いで歩く山王祭

【森の現況】

全体的にはモミを主体とし、コジイやアラカシを交える照葉樹林になっている。モミ林は比叡山の代表的な自然植生で、現在は断片的にしか残っていないが、大変貴重な存在である。

社殿の立ち並ぶ間や周囲には、スギの大木やヒノキ植林が多い。林内には、比較的珍しいイタビカズラやイズセンリョウのような暖地性の植物が生育している。

下層植生はシカによって減りつつあるので、これ以上採食圧が高くならないよう注意を要する。

東本宮の背後で最近伐採したところは、植生を早く回復させる必要がある。

西本宮のカツラ、東本宮のナギ（梛）がご神木とされる。ハガキの語源になったタラヨウ（多羅葉）もみられる。

26 天橋立・天橋立神社

★丹後天橋立大江山国定公園

【所在地】京都府宮津市宮津湾
宮津市の宮津湾と内海の阿蘇海を南北に隔てる砂州で、松島、宮島とともに日本三景の一つの名勝地。近代以前は文殊智恩寺の飛地境内で、明治４年官林、大正12年府立公園となる。

【由来及び文化誌】

数々の歌人に歌われた日本三景の一つ

天橋立は、国生みの神・伊射奈芸命が天に通うために作った梯子という伝えが『丹後国風土記逸文』「天椅立」に「与謝の郡。……先を天の橋立と名づけ、後を久志の浜と名づく。……伊射奈芸命、天に通ひ行でまきむとして、橋を作り立てたまひき。故、天の橋立と云ひき。……此より東の海を与謝の海と云ひ、西の海を阿蘇の海と云う。是の二面の海に、雑の魚貝等住めり。蛤は乏少し。」と記された。和泉式部は、「橋立の松の下なる磯清水都なりせば君も汲ままし」と詠ったと伝える。

松林の中に、海神を祭る「橋立明神」天橋立神社がある。海沿いなのに真水が出る磯噴水がある。

源俊頼（1055～1129）「なみたてる松のしづ枝をくもでにてかすみわたれる天の橋立」（詞花和歌集九　雑上）をはじめ、「白砂青松」の美しい景観は、数々の歌人に歌われた「誇り」の風景である。

10月５日の例祭は、吉野神社の浜から神輿船で渡り、天橋立神社にて獅子舞を奉納。その後、舞の獅子による各家々の「釜戸清め」が行われる。文殊地区の人々は、古来、橋立を聖視してきたことがうかがえる。

天橋立

天橋立神社

【森の現況】

天橋立は、幅20 ～ 170m、総延長3200m、面積23haに及び、アカマツ419本、クロマツ6280本が生育している。

1934年に調査した「天橋立に就て」によると、6年生以上のマツは「大天橋に3990本、小天橋に1214本、第二天橋に106本」を記した。

2000年頃から松枯れが深刻になり、2001年には180本も枯死した。2008年、粉炭や菌根菌を用いた治療を行った。「天橋立を守る会」を中心に、天橋立の清掃や松葉掻き等の活動が行われている。2013年に伐採した広葉樹は220本で、2015年に発生した松くい虫は5～6本程度となっている。

持続的保全のため官・民上げて積極的に取り込みが進んでいる。「クリーンはしだて1人1坪大作戦」は、各学校の生徒や行政、宮津市市長まで参加する。

「クリーンはしだて1人1坪大作戦」の様子

「クリーンはしだて1人1坪大作戦」の様子

27 貴船(きふね)神社

★京都市保存樹（桂）

【所在地】京都府京都市左京区鞍馬貴船町180
貴船山（699.8m）の山麓に位置して、貴船川沿いにある。奥宮の上流に龍王の滝（雨乞い滝）が重要な役割を果たしたという。

【由来及び文化誌】

古代から雨乞いの信仰を集めた龍神様

祭神は、高龗神（たかおかみのかみ）。『諸社根元記』等には、「罔象女神（みつはのめのかみ）」とする。『日本書紀』に「高龗」の記述がある。

平安時代には、朝廷の祈雨の信仰を集めた。『日本紀略』（818年7月14条）に、「遣使山城貴布祢神社・大和国室生山上龍穴等処、祈雨也」とある。『釈日本記（しゃくにほんぎ）』には、「龍は雨を司る」とあり、龍穴を祀る貴船神社は龍神信仰と深い関わりがうかがえる。『延喜式神名帳』には「貴布禰神社」と記す。大和の丹生川上（にうかわかみ）神社とならんで、平安京以来、「祈雨止雨」について「丹貴二社」と称されて奉幣をうけた。晴れ祈願の白馬、止雨の黒馬の奉納が、馬に代わった絵馬発祥とも言われる。奥宮の上流にある龍王の滝は雨乞い滝とも言われ、祈雨の重要な役割を果たしたという。

「思ふことなる川上にあとたれて貴舟は人を渡すなりけり」（藤原時房　後拾遺和歌集二〇〈雑六〉）、「今までになど沈むらん貴舟川かばかり早き神を頼むに」（平実重・千載和歌集二〇）、「霧雨（きりさめ）や貴船の神子（みこ）と一咄（ひとはな）し」菅沼曲水（藤の実）など多くの歌や句にも詠まれている。

祭礼は、3月9日に雨乞神事、6月1日貴船祭、7月7日水まつり、11月7日御火焚祭等。

鳥居と参道

「汲めども尽きぬ御神水」

（写真提供：貴船神社）

「船形石」と奥宮（龍穴）（写真提供：貴船神社）

雨乞祭

【森の現況】

本宮周辺には、御神木のスギ、カツラの巨木がある。鳥居の白髪社の横にケヤキの巨木が立つ。境内にはヤブツバキ、カゴノキ、シロダモ、タラヨウ、イロハモミジ、ヤマザクラ系、シュロ、ヒノキ、カヤ、シュウカイドウ、シャガ、イラクサ、ヤマソテツなどがみられ、裏山にスギなどが散見される。

シカ対策の防止柵が設置されているが、シカの侵入があるという。致命的な病虫害（ナラ枯れ、松くい虫）の樹種が少ないため、林相に顕著な変化が起きることはないと思われるが、林床植生がやや貧弱でシダ類が多いことはシカの影響も考えられ、今後、シカの生息密度が増加すれば、森林の維持が困難になることも考えられる。特にイロハモミジなどのカエデ類の剥皮が懸念される。

奥宮の参道へは連理のスギ、相生の大杉などの巨木が茂る。2018年９月台風21号により倒木など大きな被害があった。

28 上賀茂神社

★世界文化遺産

【所在地】京都府京都市北区上賀茂本山339
神山、神宮寺山の麓の賀茂川の上流に鎮座する。下流は、「ならの小川」となり、やがて社家の前を明神川として流れる。

【由来及び文化誌】

平安遷都以来、皇室の崇敬を受けた京の総鎮守

祭神は、賀茂別雷神。『風土記　逸文』山城国に「賀茂川を見て、狭小あれども、石川の清川なり、石川の瀬見の小川と曰う。久我の国の北の山麓に住居を定めになった。そのときから名を賀茂という」と記された。『延喜式神名帳』では「山城国愛宕郡 賀茂別雷神社」、幣帛に預ると記載された。

賀茂玉依日売が賀茂川に流れてきた丹塗の矢のお力によりお生まれになったのが賀茂別雷神で、賀茂県主の一族が祀ったと伝える。神代の昔、当社の北北西の秀峰神山に御降臨になり、天武天皇の御代(678)、社殿の基が造営された。都が京都に遷されて以来、歴代の皇室の御崇敬を受けた。和歌が多数残されている。

「風そよぐならの小川の夕暮れはみそぎぞ夏のしるしなりける」(藤原家隆　平安末期・鎌倉初期の歌人)、「榊とる卯月になれば神山の楢の葉柏もとつ葉もなし」(曾禰好忠　『後拾遺和歌集』1086年完成)、「神山のふもとになれしあふひ草ひきわかれても年ぞへにける」(内子内親王・『千載和歌集』三〈夏〉)などに詠まれる。

５月５日は賀茂競馬、５月15日の葵祭は、壮大な行列が御所を出て、下鴨神社、賀茂川沿いを経て上賀茂神社に参る。6月30日夏越祓は水の清め・祓の祭礼として人形(人の形の紙)が「ならの小川」に流される。

社殿と神宮寺山

境内のタラヨウ

境内の五葉松

賀茂川を渡り、境内に入る葵祭の行列

本殿は御手洗川と御物忌川が合流する中州に位置する

【森の現況】

賀茂川（鴨川）の左岸、神宮寺山の西麓に位置し、広大な神域を有する。賀茂川に近い社務所周辺には、ケヤキ、ムクノキ、エノキ、ムクロジなどの夏緑広葉樹やアラカシ、シラカシ、イチイガシなどの常緑広葉樹がみられ、かつての河辺林の面影がうかがわれる。

一方、ならの小川が流れる渉渓園やその周辺には、スダジイの大木（睦の木）をはじめ、アラカシ、シラカシ、イチイガシ、クスノキ、ネズミモチ、サカキなどの常緑広葉樹が優勢で、ケヤキ、エノキ、イロハモミジ、ツガなどもみられる。

社殿背後の神宮寺山はスダジイやアラカシが優占する照葉樹林で、ヒノキやクスノキ、リンボク、サカキ、コナラなどを交えている。ナラ枯れ被害等による伐採跡があり、幹にビニールを覆う対策がなされている。

なお、参道や社殿の周辺には斎王桜（ベニシダレ）をはじめとするサクラ類やキリの大木、テーダマツ（三葉松）、ストローブマツ（五葉松）、オガタマノキ、ヒトツバタゴ、タラヨウなど多彩な樹木がみられる。

29 下鴨神社

★世界文化遺産

【所在地】 京都府京都市左京区下鴨泉川町59
下鴨泉川町の賀茂川と高野川が合流地点に形成される糺の森の中に位置する。糺の森の南で賀茂・高野の二つの川が合流し鴨川となり洛中を流れ下る。

【由来及び文化誌】

鴨川とともに市民に親しまれる世界遺産

賀茂御祖神社。ご祭神は、賀茂建角身命、玉依媛命。「井上社」の祭神は瀬織津姫命。別雷神誕生の丹塗矢伝承など『賀茂縁起』、『秦氏本系帳』などに所伝がある。賀茂別雷神社の上賀茂神社とともに豪族・賀茂県主一族の氏神で、平安京が造営される時から京都の守護神として祀られた。『風土記　逸文』に、「山城国風土記に曰く、賀茂の社……葛野河〔桂川の古名〕と賀茂河と会ふ所に……賀茂河を見はるかして……「狭く小かれども、石川の清川なり」……名づけて石川の瀬見の小川といひき」と記す。

『源氏物語』須磨の巻（光源氏が須磨へ流される前に詠んだ歌）「憂き世をば今ぞ別るるとどまらむ名をば糺の神にまかせて」、『枕草子』中宮定子「いかにしていかに知らまし偽りを空に糺の神なかりせば」など多くの古典文学に登場する。

5月3日糺の森の中を勇敢に走る流鏑馬、5月15日、日本3大祭りに数えられる葵祭は、葵の花を飾った平安期装束の行列、斎王代そして、勅使代の行例が盛大に行われる。御手洗川は、7月土用丑の日には「足つけ神事（御手洗祭り）」が行われる。御手洗川は、『後撰和歌集』には、「君がため御手洗川を若水に結ぶや千代の初めなるらむ」と詠われた。

社殿と糺の森（写真提供：下鴨神社）

賀茂川（左）と高野川（中央）の合流部に形成された糺の森

井上社

流鏑馬祭（糺の森）

ならの小川

流鏑馬

【森の現況】

参道には、ケヤキ、ムクノキ、エノキ、モミジなどの落葉広葉樹が多く、北側から本殿にかけてはアラカシ、シラカシ、シイなどの常緑広葉樹が多い。

1934年の室戸台風では糺の森の樹木70％が倒木、1935年には鴨川と高野川の決壊等、風水害が多かったが、森はその都度植栽された。1939年の調査では、幹周１m以上の大径木は97本で、大半はムクノキであったという。2002年の調査では大径木は1267本で、1939年には１本もなかったクスノキが324本と、樹林の構成比の25.5％を占め、主要な樹種になっている。

古図（寛文年間：1661年～1672年）には、糺の森は松が多く描かれていたが、現在は、クスノキ、ケヤキ、ムクノキ、エノキ等常緑樹と落葉樹の混交林となっている。

「世界遺産糺の森保存会」（略称：糺の森財団]）」が保全活動を進めている。

30 八坂神社

【所在地】京都府京都市東山区祇園町北側625
東山の山麓、鴨川を見下ろす位置にあって祇園に鎮座する。東山の伏流水によって本殿脇に御神水が湧き、本殿下に霊泉（龍穴）を秘める。

【由来及び文化誌】

疫病退散を願って始まった祇園祭で知られる

祭神は、素戔嗚尊・櫛稲田姫命・八柱御子神など13座を祀る。

素戔嗚尊は牛頭天王と同一視された。「一書」によれば、新羅国の曽尸茂梨に天降られ、出雲国へ到られたと記す。斉明天皇2年（656）に高麗より来朝した使節の伊利之が、新羅国の牛頭山に座した素戔嗚尊を山城国愛宕郡八坂郷の地に奉斎したことに始まるという。『新撰姓氏録』に渡来人「八坂造」を祖とする「狛国人、之留川麻之意利佐」と記す。意利佐は伊利之と同一人物とされる。

祇園祭は貞観年中（859～877）京の都に疫病が流行り、勅を奉じて神泉苑に66本の矛を立て、祇園社の神輿を神泉苑に送って厄災除去を祈願したことに由来。『梁塵秘抄』に「祇園精舎のうしろには、よもよも知られぬ杉立てり、昔より山の根なれば生ひたるか、杉、神のしるしと見せんとて」とあり、杉が神木とされた。

慶応4年（1868）八坂神社と改称するまで、「祇園社」と称していた。7月17日・24日、祇園祭の山鉾巡行は1カ月間に及び、町衆が支えている。7月10日、28日には、四条大橋の上で斎竹を建てて、鴨川の水を汲み上げて祓いをした「御用水」で、神輿を清める。7月31日、境内の疫神社の「夏越祭」は、「茅之輪守（「蘇民将来子孫也」護符）」と「粟餅」が授与される。

八坂神社楼門

円山公園（東山を望む）

祇園祭で八坂神社を出発する神輿（写真提供：八坂神社）

【森の現況】

境内の樹木はクスノキが大半を占め、他にアラカシ、シイ、クロガネモチ、ケヤキ、スギ、カヤ、マツ等がみられる。

古図や1903年の『京名所写真帖』(明36年、笹田駒治著)の写真では、疎らにマツが生え、現在の社叢とはまったく違った様子がみられる。

また、クスノキは踏圧の影響からか衰弱している個体が多いようにみうけられる。

神社の背後の円山公園にはシダレサクラの巨木があるが、公園内の踏圧被害が深刻であったため、京都市が樹木の周囲に柵を設置するとともに、土壌改良等、積極的な保全活動を行っている。

鴨川で御用水を汲む

御用水

31 松尾大社（まつのおたいしゃ）

★カギカズラ（京都市天然記念物）、本殿は重要文化財

【所在地】 京都府京都市西京区嵐山宮町3
京都市の洛西、南北に走る松尾山（223m）の麓に鎮座する。本殿の横には霊亀の滝が流れ、霊泉亀の井の湧き水がある。

【由来及び文化誌】

桂川一帯を開拓した渡来系氏族秦氏が創建

祭神は大山咋神（おおやまくいのかみ）、市杵島姫命（いちきしまひめのみこと）。『古事記』に「大山咋神、亦名は山末之大主神。…葛野（かどの）の松尾に坐す鳴鏑に成りませる神なり」とある。大宝元年（701）年に秦忌寸都理（はたのいみきとり）が松尾社を創建し、平安以後朝廷の守護神とされる。現本殿は応永４年（1397）のもの。秦氏は、『泰氏本系帳』に「秦氏奉祭三所大明神……葛野川（桂川、保津川、大堰川）に葛野大堰を造ったとしるす」と記されたように、一ノ井（いちのい）・二ノ井（にのい）川を作り、桂川岡十ヶ郷の灌漑用水路を引いて周囲を潤し、開拓に貢献した。室町時代の『松尾大社絵図』にこうした中世の景観を描く。大堰川沿いに一ノ井の石碑がある。

神幸祭（４月20日頃）には、７社の神輿が桂川を船渡御して、河原斎場に「浜降り」する。松尾祭は、『公事根源』に「松尾ノ祭同日貞観年中（859－877）始まる」と記された。「亀の井」の水を酒作りの基水にすると、酒が腐らず良い酒ができるとして、「日本第一酒造の神」と信仰される。醸造祈願の「上卯祭（じょうう）」、醸造完了感謝の「中酉祭（ちゅうゆうさい）」は、全国から酒の蔵元たちが集まって祈願する。

社殿と松尾山

本殿横の滝

境内を流れる一の井

神幸祭で桂川を渡る船渡御

【森の現況】

本殿の背後の松尾山には照葉樹林（シイ・カシ林）が、極相林として安定した状態で保全されている。

境内には巨木のモッコクをはじめ、シラカシ、ナナミノキ、オガタマノキ、クロガネモチ、クスノキなどの照葉樹や、ムクノキ、エノキ、ケヤキ、イロハモミジ、クロマツなどが生育している。

境内を流れる一の井沿いにはヤマブキ、サクラなどが植栽されて、花の名所となっている。

2018年の台風の時には境内の数十本の木々が倒れ、多くの木が伐採された。

なお、松尾山には常緑つる植物のカギカズラが自生し、市天然記念物に指定されている。

亀の井

32 神泉苑（しんせんえん）

【所在地】京都府京都市中京区御池通神泉苑町東入ル門前町166
創建当時（794年）は平安京大内裏に接していた禁苑であった。現在は国指定の史跡で、東寺真言宗の寺院。

【由来及び文化誌】

平安京造営の頃から湧き出る泉と、空海勧請の善女龍王社

豊かな水をたたえる法成就（ほうじょうじゅ）池の中央には、雨乞いの祭神である善女龍王を祀る。794年、桓武（かんむ）天皇が平安京造営の際、大内裏の南に設けた禁苑で、常に清泉が湧き出ることから神泉苑と名付けられた。歴代天皇が多く行幸し、詩宴、放隼、釣魚、などの遊宴が行われた。812年、嵯峨天皇は日本最古の花見である「花宴の節」を催し、重陽節会（ちょうようのせちえ）や相撲（すまひの）節会などの節会行事も慣例であった。

824年の旱魃の時、淳和（じゅんな）天皇の命により、弘法大師空海が北天竺の無熱地より善女龍王を勧請し、雨乞いの修法を行った。以降、多くの真言僧が祈雨修法を行う霊場となり、特に仁海（にんがい）僧正が名を知られている。

863年には、都で疫病が流行り、その原因とされた六柱の御霊を鎮めるために神泉苑で国家的に初となる御霊会（ごりょうえ）が行われた。その後、貞観（じょうがん）地震や富士山の噴火など全国的な災害が相次ぐ中、869年の御霊会では日本の国の数であった66本の鉾を神泉苑に建立し、祇園社から御輿を神泉苑に送ったことが祇園祭の始まりとされる。

本堂には聖観音菩薩、不動明王をまつり、境内には弁財天社、恵方社などがある。

神泉苑境内の法成橋、善女龍王社

５月の神泉苑祭では、龍王社拝殿に御輿を祀り、
境内に３本の剣鉾が立つ

恵方社

冬には、生垣にカンツバキ（通称サザンカ）が咲く

【森の現況】

苑内には中央に大きな法成就池があり、池の南側に善女龍王社や恵方社、弁財天などが祀られている。

大池を中心とした遊園となっており自然植生はみられないが、エノキなど落葉広葉樹にアラカシなどの照葉樹が混生する糺の森のような植生が想定される。

池の北～東側にはアラカシ、クスノキ、ヒノキ、エノキなどの高木が茂り、池に深緑の陰影を落としている。

池畔にはシダレヤナギの高木がみられるほか、クロマツ、ゴヨウマツ、イブキ、スギ、コノテガシワ、ソメイヨシノ、キンモクセイ、キョウチクトウ、イロハモミジ、ツバキ類、モッコク、ヤツデ、ウバメガシ、サルスベリ、ナンテン、カリン、ユキヤナギ、ウメなどの庭木、さらに生垣にはアラカシ、ヒラドツツジ、サツキ、マサキ、マメツゲ、クチナシ、カンツバキ、カナメモチなどが植栽されている。

33 木島坐天照御魂神社(このしまにますあまてるみたま)(蚕の社(かいこのやしろ))　★京都市史跡

【所在地】京都府京都市右京区太秦森ヶ東町50-1
双(ならび)ケ丘の麓、天神川の上流に位置する。本殿の右側に蚕の社が鎮座する。

【由来及び文化誌】

下鴨神社の糺の元と伝わる湧き水を有する

祭神は、天之御中主神(あめのみなかぬしのかみ)、大国魂神(おおくにたまのかみ)、穂々出見命(ほほでみのみこと)、鵜茅葺不合命(うがやふきあえずのみこと)、瓊々杵尊(ににぎのみこと)。

「都名所図会」(1780年)を見ると、水が流れる「元糺の池」に三柱鳥居や境内が描かれている。本殿の左に元糺の池、右に蚕の社が鎮座する。

『続日本紀(しょくにほんぎ)』大宝元年４月丙午(３日)条(701)「勅。山背国葛野郡月読神。樺井神。木島神。波都賀志神等神稲。自今以後。給㆓中臣氏㆒」、『延喜式　神名帳』927年の山城国葛野郡に「木島坐天照御魂神社(このしまにますあまてるみたま)」とある。

『木島坐天照御魂神社由緒記』に「下鴨神社の糺はここより移した」とされる。境内に、湧き水の所の「元糺の池」があり、「三柱鳥居」がある。一帯は、渡来人秦氏(はたうじ)の縁りの地で、製陶、養蚕、機織など、優れた技術をもたらしたとされ、「蚕の社」は織物の神とされる。古くから祈雨と養蚕の神として信仰を集めて、『日本三代実録』等に記録がみられる。2018年９月の台風で甚大を被害を受けたが、地域の協力で本殿の改修が行われた。

祭りは、10月例祭(体育の日)に神輿巡幸があり、弥勒菩薩半跏思惟(はんかしゆい)像が安置された広隆寺(こうりゅうじ)が御旅所となる。

樹木が茂る境内

本殿

石製三柱鳥居

「椿丘大明神」と刻まれた石碑の立つツバキの大木

【森の現況】

鳥居から社殿に至る参道沿いにはアイグロマツ、ソメイヨシノ、イロハモミジ、オオモミジ、キンモクセイ、カンツバキ、サツキ、ヒラドツツジなどの植栽木やエノキ、アラカシ、サカキ、ヤブツバキ、ネズミモチなどがみられる。

社殿周辺にはコジイ、シラカシ、アラカシ、ヤブニッケイ、ヤブツバキ、カクレミノ、クロガネモチ、モチノキ、ナナミノキ、シロバイ、サカキ、カナメモチ、オオアリドオシなどの常緑広葉樹が多く、植生的にはシイ－カナメモチ群集と思われる。高木層にはクスノキ、イチョウ、スギ、ツガなど植栽樹種や夏緑広葉樹のケヤキ、ムクノキなども混生している。

参道に「椿丘大明神」のツバキの大木がある。

2018年９月の台風21号による倒木被害が著しい。

34 夜支布山口神社

★重要文化財：立磐神社、無形文化財：太鼓踊り

【所在地】奈良県奈良市大柳生町3089
奈良市東部高地の大柳生町を南流する白砂川に東岸に大字上出の集落があり、その北側の大きな森である。西側が里山に続く水田・畑作の中に位置する。

【由来及び文化誌】

旧社地からは古代の導水施設が出土した祈雨の社

祭神は、素戔嗚命。摂社立磐神社。当社は、古代から巨石信仰地とされて、立岩の前に摂社、立磐神社が祀られている。その社殿は、春日大社の本殿の第四殿を延享御造替時（1744～1747年）に当地に移譲されたとされる。『延喜式』神名帳には「夜支布山口神社」とあり、古くから祈雨と水神として重視された。嘉祥３年（850）に従五位下に叙せられ、貞観元年（859）従五位下勲八等を正五位上に昇格、同年「養父山口神」（当社）に使者が遣わされ、幣を奉り、風雨の祈願をされたことが『文徳実録』『三代実録』などに表れている。

社務所の後方に古墳があり、発掘調査により「導水」施設などが出土した。大柳生集落には、１年交代で集落の長老の家に神様の分霊を迎える「回り明神」の珍しい行事がある。神に扮した当番の人は１年間、朝晩祭祀を務める。「旬比の参拝」（１日、11日、21日）は、神前に神饌を供える時に、榊を口にくわえ、無言で行う信心深い行事がある。無形文化財の太鼓踊りは、８月17日の夜、当屋によって「まわり明神」に奉納される勇壮な踊りガトウ（賀当）踊りがある。現在、踊りは大柳生町の興東館柳生中学校で生徒たちが地域の学習として受け継いでいる。

夜支布山口神社の境内

【森の現況】

スギ・ヒノキの高木が多数を占め、一部イチイガシ、クスノキの大木が認められる。２本の神木はスギ（幹回り5.5m 以上）。

林内は暗く、落葉層が厚いため下層植生の発達は認められない。

高木のヒノキは、檜皮用に樹皮が剥がされた跡がある。広葉樹の自然林よりも、意識的にスギ・ヒノキ林、サカキ栽培林として管理されていると考えられる。

社叢全景

スギ・ヒノキの高木が多い

35 飛鳥坐神社

【所在地】奈良県高市郡明日香村大字飛鳥字神奈備708
飛鳥村の甘樫丘から見下ろすと、飛鳥川と飛鳥集落の「鳥形山」に鎮座する。近くに「酒船石」がある。

【由来及び文化誌】

斉明天皇が作らせた水路の名残りが神社前を流れる

祭神は、事代主神、高皇産霊神、飛鳥神奈備三日女神（賀夜奈流美乃御魂）、大物主神。

『日本紀略』には（829年３月10日）に「賀美郷甘奈備山　飛鳥社同郡同郷鳥形山遷依神託也」とあり、高市郡賀美郷甘南備山から現在地の鳥形山へ遷座したと記された。大国主神が国土を天孫にお譲りの際、皇室守護神として事代主神と妹神とされる賀夜奈流美命（飛鳥神奈備三日女神）を奉斎されたのが当社の起源とされる。神社の前に『日本書記』の斉明天皇が作らせた「狂心渠」の名残りとされる水路が流れている。境内に、末社の飛鳥山口坐神社が遷座している。

2001年、吉野の丹生川上神社上社が大滝ダムの建設で遷座する際、同上社を当地の本殿・拝殿に移築再建した。当社は、氏子がなく、崇神天皇に初代太宗直比古命が「飛鳥直」姓を賜って以来、飛鳥家が87代にわたって護る。

『大和名所図会』（1791年）に「四座、合殿小祠五十余前」、「大石あり。縦一丈五尺、横五尺。……相伝ふ、むかし神酒をここに、沃溶すといふ」、飛鳥山口坐神社「飛鳥村上方鳥形山にあり」等と記載されている。

御田祭は、五穀豊穣や子孫繁栄を祈り、田植えの所作や男女神交婚の様子が演じられる。農家に配られる「苗松」は苗代の水口に野の花とともに祭られる。

飛鳥坐神社の鳥居

【森の現況】

鳥居から上る階段沿いには、サカキ、アラカシ、クロガネモチなどの照葉樹がみられるが、台風等で倒伏したのか古木は少ない。

拝殿の周囲にはスギ、ヒノキ、クスノキ、アラカシ、サカキ、サクラなどが多い。拝殿の奥の奥ノ院には巨大な「奥の大石」（陰陽石）が祀られて、境内に多く奉納されている。

奥ノ院を囲む社叢にはアラカシ、クロガネモチなどの照葉樹が多いが、隣接する竹林からモウソウチクの侵入が目立っている。

石を運ぶ水路として掘られた運河

拝殿

飛鳥坐神社の御田祭り（写真提供：明日香村役場）

36 広瀬大社

【所在地】奈良県北葛城郡河合町大字川合99
大和川に飛鳥川・曽我川・百済川・葛城川など、奈良盆地に流れるすべての川が合流する地点に鎮座する。神社のすぐ横には「不毛田川」が流れている。

【由来及び文化誌】

一夜で池が陸地化して木々が茂った神託の池に創建

若宇加能売命、櫛玉尊、穂雷命。
『河相宮縁起』には、崇神天皇9年(前89年)、里長の藤時に対して、北側の水が集まる「水足龍池」に社壇を造るようにと神託があり、一夜で淵地が陸地に変化し、枳木(橘)が1万本余り生えたことが天皇に伝わり、7宇の社殿を建て、水足明神とも号すとある。社紋「橘」はこの社伝による。古来から、水の秩序による稲穂の恵みの祈りが記された。室町時代と推測される『和州広瀬郡広瀬大明神之図』には、八町四方に鳥居を建てた荘厳な姿が描かれている。
『延喜式』巻八の祝詞「広瀬大忌祭」に「貴い神様が治める山々の口から流し下される水を、大神が受けて甘し水と変化させられ、農民が耕作する稲を、暴風雨に遭うことがないように、若宇加の売の命様がお守り下される……」と記される。今拝殿の西側に小池があり、水足池という。
2月11日の御田植祭(河合町指定無形民俗文化財)は、砂を雨に見たてた祈雨の神事で、拝殿前で田植の所作を行い、砂をかけあうもので、「砂かけ祭」は五穀豊穣の祈願とされる。4月4日例祭、10月第3週末に秋祭りがある。

広瀬大社の境内

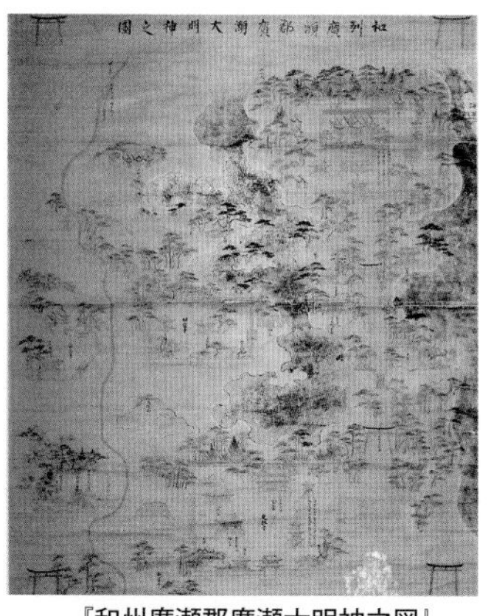

『和州廣瀬郡廣瀬大明神之図』

参道

境内に植栽されているタチバナ

【森の現況】

参道は不毛田川に沿って約200mあり、参道両側にはアラカシ、シラカシ、ヤブツバキ、クスノキ、クロガネモチなどの照葉樹が多い。また、ムクノキ、エノキ、ケヤキ、アキニレ、イロハカエデなどの落葉広葉樹もみられる。

本殿裏手は比較的古木が多いが、つる性植物がからみ枯れ枝が目立つ。拝殿の前には向かって右には左近の桜、左には右近の橘が植えられ、旧官幣社の趣が漂う。

社紋の「橘」に起因して、境内にはタチバナの植栽が多い。

37 大和神社（おおやまと）

★ちゃんちゃん祭り（奈良県指定文化財）、
紅しで祭り（奈良県民俗文化財）

【所在地】 奈良県天理市新泉町306
龍王山の麓。拝殿は、龍王山（標高585.7m）に向かっている。溜池―南池・北池などが拝殿を囲むように配置され、周囲の水田・畑の貴重な水源になった。

【由来及び文化誌】

土木建築地鎮祭の総本社・旅の安全

祭神は、日本大国魂大神（やまとおおくにたまのおおかみ）（中央）・八千戈大神（やちほこのおおかみ）（右側）・御年大神（みとしのおおかみ）（左側）。摂社、高龗神社（たかおおかみ）、素戔嗚尊神社（すさのおのみこと）、増御子神社（ますみこ）等。『延喜式』に「祈雨神祭　八十五座」中に「大和社　三座」と記される。『大倭神社註進状』（1167年）には、「大和の国魂大神は、八千戈大神の荒玉と和魂……天下の地を経営り、大造の績を建て得玉ふて、大倭豊秋津国に在しまして国家を守り玉ふ。因りて以って号けまつりて倭大国魂神と曰し、亦た大地主神と曰す」と記された。

『大和名所図会』（1791年）には「崇神天皇五年御鎮座」となっている。天平５年（733年）、遣唐使として派遣される多治比広成（たじひのひろなり）に、大和への無事帰還を祈り、歌人・山上憶良（やまのうえのおくら）が送った「好去好来」（『万葉集』巻五、894）を刻んだ石碑が、2015年に建てられた。

４月１日、御例祭「ちゃんちゃん祭り」は、神輿、武士姿や矛、氏子らの頭屋、稚児など壮大な行列は、各執物を捧持し、龍王山麓の中山郷大塚山の御旅所坐神社（大和稚神社）で、子供による「龍頭の舞」、年長者による翁の舞が奉納される。大和の里謡に「祭の始めはちゃんちゃん祭　祭のおさめはおん祭」と謡う。９月23日、紅しで踊り保存会と幼稚園児による雨乞いにより、満願踊りの「紅幣踊り（べにしで）」がある。

大和神社の境内

社殿の背後の北池。木々にはサギ類が生息

【森の現況】

神域は面積約43haと広い。約300mの長い参道の両側にはクスノキ、アラカシ、モチノキ、ヤブツバキ、サカキなどの照葉樹や、ケヤキ、ムクロジ、クロマツ、スギ、ヒノキなど多様な樹木がみられる。

お祓い所に、サカキの大木とクスノキの神木がある。

境内に立つ山上憶良「好去好来」の歌碑

9月23日の紅幣踊り

子供による「龍頭の舞」

38 玉津島（たまつしま）神社・塩釜（しおがま）神社

★国名勝「和歌の浦」

【所在地】和歌山県和歌山市和歌浦中3-4-26
紀ノ川支流の市町川河口沿いに位置。玉津島神社の背後に奠供（てんぐ）山、塩釜神社の背後には鏡山（岩肌は香木「伽羅」に似て「伽羅岩」と呼ばれた）が位置。すぐ近くに三断橋で結ばれた妹背（いもせ）山が位置。鏡山の山頂から和歌の浦が一望できる。

【由来及び文化誌】

今も残る万葉の情趣の風光佳絶な玉津島に佇む二つの神社

玉津島神社の祭神は、稚日女尊（わかひるめのみこと）、息長足姫尊（おきながたらしひめのみこと）、衣通姫尊（そとおりひめのみこと）、明光浦霊（あかのうらのみたま）。塩釜神社の祭神は、塩槌翁尊（しおつちのおきなのみこと）、祓戸大神（はらえどのおおかみ）四座。『続日本記（しょくにほんぎ）』神亀（じんき）元年(724)10月16日条によれば、聖武（しょうむ）天皇は同年10月、和歌の浦・玉津島に行幸（ぎょうこう）し、小高い山からの眺めに深く感動して「登山望海。此間最好。不労遠行。足以遊覧」と詔（みことのり）を発した。また、「春秋二時官人を差し遣して玉津島の神・明光浦霊を奠祭せよ」と記す。歌人・山部赤人（やまべのあかひと）は、玉津島讃歌に「……風吹けば　白波騒ぎ　潮干れば　玉藻刈りつつ　神代より　然（しか）ぞ貴き　玉津島山」(『万葉集』巻6)と詠った。風光明媚な玉津島六山は、『万葉集』や『古今和歌集』の和歌に多数詠まれている。江戸時代、貝原益軒（かいばらえきけん）は『諸州めぐり』で「和歌の浦の石は、皆木理有りて甚だ美也。他州にては未だ見ざる」と感嘆した。

塩釜神社は、「輿（こし）の窟（いわや）」という岩穴に鎮座して塩槌翁尊を祀る。尊は、『古事記』の山幸彦を竜宮へ導いた海神。この地は大正後期まで製塩業が盛んだった。子授けや安産の神として信仰され、「塩釜さん」と親しみを込めて呼ばれる。４月13日の玉津島神社の例祭は、桜祭りとされ、短歌大会や万葉歌会などが多彩に行われる。塩釜神社の例祭は９月16日。

全景（左：玉津島神社、右：鏡山と塩釜神社）

玉津島神社

三断橋で結ばれた小島・妹背山

奠供山からの和歌の浦の風景

【森の現況】

奠供山(てんぐやま)や鏡山はともに海に近い岩山であるため、母岩が露出し土壌層が未発達で、風当たりや日当たりが強く乾燥しやすい厳しい立地条件にある。

マツはこうした条件下でも生育可能なため、山は全体的に中低木のマツの疎林からなり、一部土壌層が発達したところにはウバメガシを優占種とし、トベラ、シャリンバイ、ヤマモモ、モチノキ、ヒメユズリハ、カクレミノ、ヤブツバキ、イヌビワ、オニヤブソテツなどが生育する海岸性の自然植生がみられる。境内にはクロマツやクロガネモチ、クスノキ、イヌマキなどの高木も生育している。

塩釜神社の樹齢500年余の「和合の松」は、2012年倒木したが、名勝・和歌の浦のシンボルを復活させようと、玉津島保存会などの地域の人々の熱意によって、その遺伝子を継ぐ苗木を県の林業試験場(上富田町)で育てた。2018年4月21日、元の松の根の傍に植えられた。

39 與止日女神社

★河上神社文書：重要文化財

【所在地】佐賀県佐賀市大和町川上1-1
脊振山（標高912m）から流れ出て、佐賀平野を潤し、有明海に注ぐ川上峡（嘉瀬川）沿いに位置する。上流に北山ダムがある。実相院（1087年、円尋が開基）が裏側にある。川上2㎞ほどの金敷城山には、造化大明神が祀られている。土人石神と称されて與止日女神社の上宮。

【由来及び文化誌】

川上峡に鎮座する治水の神さま

祭神は、与止日女大明神。「淀姫さん」、「豊玉姫」とも伝える。肥前国に４社の式内社の内の１社で、『延喜式神名帳』（927年）に掲載されて、亀山朝の弘長元年（1261年）正一位を授けられた。

『肥前国風土記』に「日本武の尊、巡幸し給ひし時、樟の茂り栄えたるを御覧して…「この国は、栄の国といふべし」…後、改めて佐賀の郡と號く。…この川上に石神あり。名を世田姫という。海の神、鰐魚を謂ふ。年常に、逆ふ流を潜り上りてこの神の所に到るに、海の底の小魚多に相従ふ。人その魚を畏めば殃なく、或るは人捕り食べば死ぬことあり。凡そこの魚等、二三日住りて、還りて海に入る」と記された。

春、鯉のぼりを川にかける先立て、子供が川に溺れないように「ひゃあらんさん」神事を行う。４月18日に春季例祭があり、秋祭（10月10日）には、與止日女神社の元宮と伝える「高取山」の巨石の注連縄を入れ替える。11月18日秋季例祭。

９月上旬「川上参り」があり、下流域の鍋島町の15地区の人々が、稲や農作物の収穫期を前に、嘉瀬川の水の神様・與止日女神社に水の恵みに感謝の意を表す。

クスノキが多い與止日女神社

ご神木の大クス

境内

鯉のぼりが泳ぐ川上峡と対岸の與止日女神社

【森の現況】

入口の樹齢1400年余りともいわれるご神木の大クスは存在感を表す。

他にイチョウ、スギなどがみられ、参道にはフジ、サクラ等が生育している。

本殿の横に、1813年の落雷で焼け落ちた幹回りが27mもあったと伝える大クスの根株が、そのまま残っている。本殿の前に樹齢の若いクスノキがあり、当社叢の優占樹種はクスノキである。

『肥前国風土記』(713年)に「昔、樟の木一株、此の村にあり、幹枝秀高く、茎葉繁茂りて……日本武尊の巡幸の時、樟の茂りをご覧にて、此の国は栄の国と謂うべし……後で改めて「佐嘉の郡」と号う。」と記されたように、クスノキの巨木が古くからあったと考えられる。

本殿の背後は森という感じではないが、上宮が鎮座する北側自然林と一体化し、社叢林の様相を呈している。雷被害防止のために避雷針が必要である。

40 鏡（かがみ）神社

★楊柳観音菩薩：重要文化財

【所在地】 佐賀県唐津市鏡1827
唐津湾に面した虹の松原を見下ろす、松浦山（鏡山・領巾振（ひれふり）山）の山麓に位置し、近くを松浦川が流れる。古来、松浦社と称する当地の総社。

【由来及び文化誌】

神功皇后が生霊を込めた鏡を祀った松浦地方の総鎮守

祭神は、一の宮が息長足姫命（おきながたらしひめのみこと）（神功皇后）、二の宮が藤原広嗣（ふじわらのひろつぐ）朝臣で、「松浦古来略伝記」などに記す。伊藤常足編『太宰管内志』によると、『風土記』に昔、息長足姫命、松浦山に遥覧……鏡を安置すると石に化して、曰く鏡宮とある。『源氏物語』「玉鬘（たまかずら）」の巻に「君にもし　心たがはば　松浦なる　鏡の神をかけて誓はむ」と記された。当社は、一枚の絹に、水瓶が脇に置かれて善財童子が描かれた楊柳（ようりゅう）観音像が知られている。高麗王忠烈（ちゅうれつおう）王の淑妃の発願により制作、1391年僧・良賢が鏡神社に寄進したとされる（朝鮮高麗時代作、重要文化財）。

4月9日春祭りは、神輿が境内にある御旅所まで神幸する。『太宰管内志』に、「大祭は九月九日あり、昔は此日に神輿虹の松原まで御幸あり……」と記された。かつて神輿が虹の松原まで神幸した。虹の松原の松の葉を海の海水につけて、清める「お汐い松」という習慣がある。7月の夏祭りには、灯籠を灯す。

10月9日重陽（ちょうよう）の節句に合わせて、鏡神社秋季例大祭（鏡くんち）があり、山笠の奉納などが行われる。

一の宮の境内

紫式部の歌碑と境内の木々

二の宮の境内

4月5日の春祭りで御旅所に神幸する神輿

【森の現況】

一の宮の前には、モチノキがみられる。北側に広がる森は、上層にホルトノキ、スダジイ、イチイガシ、ヤマモモ、クスノキ、アラカシ、シロダモ、オガタマノキ、ヤブツバキ等、下層にアオキ、カクレミノ、ミミズバイ、トベラなどが生育する自然性の高い照葉樹林で倒木更新もみられる。

御旅所には、クスノキの群落と梅園がある。二の宮の左側に臨月を迎えた母の姿をした御神木のクスノキの巨木、右側に根本が5本に分かれた樹齢の若いヒノキがみられる。

社殿の裏はアラカシが多く生育しており、人との関わりが深い社叢林と推察される。下草や落葉は田畑の肥料、低灌木や雑木は薪などの燃料として利用し、林床に生育する草花が咲くと、花蜜を求めてチョウなどの虫が舞い、それを捕食する鳥類などが飛翔してくる動植物にとって緑豊かな環境が整っていたようだ。

41 虹の松原

★国の特別名勝天然記念物

【所在地】佐賀県唐津市
唐津湾沿いに、虹の弧のように連なる虹の松原は、三保松原、気比の松原とともに日本三大松原の一つ。鏡山から見下ろす白砂青松の景色は絶景である。

【由来及び文化誌】

新田を守る防風・防潮林が美しい景観として親しまれる

虹の松原は、唐津藩初代藩主・寺沢広高（1563～1633年）が、唐津の海風から領地を守り、新田開発のため、防風・防潮林として約20年間（1595～1616年）をかけて、作らせた全長4.5㎞、幅約500m前後の松林。寺沢公は松浦川を改修して、農地を広げる等、唐津の開拓に多大な功績がある。また、虹の松原の中に公が最も愛する７本の松があり、禁令を出したとされる。唐津藩の庇護の中、松林が守られたとされる。寺沢公の墓は、現在、鏡神社の境内地にある。

虹の松原は、古川古松軒の『西遊雑記』（1783年）に「唐津浦は名所虹が浦もあり……遠見するに浜の図形の如く虹を見る如し。此故、虹が濱といふなり」と記す。鏡山は、大伴狭手彦との別れを惜しんだ妻の弟日姫子（佐用姫）が布を振った伝説の地として知られる。虹の松原が遠望できる鏡山は、古くから和歌等に多く詠まれている。「遠つ人松浦佐用姫　夫恋に領巾振りしより　負へる山の名」（『万葉集』871）、「海原の沖行く船を　帰れとか　領巾振らしけむ　松浦佐用姫」（『万葉集』874）など。

鏡村には、古くから「お汐い松」という習慣がり、毎月１日と15日、虹の松原の松の枝を海水で清めて、家の神棚に供えて、その一枝を鏡神社にも奉納という。松林は、美しい景観として親しまれて、地域の人の日々の散策のみならず、多くの観光客が訪れるほか、学校等の課外授業としても利用される。

遠景（鏡山展望台より）

松林の中

ハマヒルガオ

シヨウロ

地域住民の松葉かきと雑草抜き活動

【森の現況】

海岸沿いには幅約500mに渡ってクロマツが広がり、浜にハマエンドウ、ハマボウフウ、ハマゴウ、ハマヒルガオなどの海岸植物も見られる。85種類以上の野鳥が生息し、100種類以上の様々なキノコが発生するという。ノウサギもいるようである。縁辺部は、マツと広葉樹との混交林に遷移しつつある。

2009年からボランティアによってアダプト方式(里親制度)で、松葉掻き、松ぼっくり拾い、雑草抜きなどを行い、白砂青松の景観を維持している。

マツの樹勢や葉色も良く、松との共生関係にあるショウロやイグチなどの外生菌根菌の子実体が散見される。

「松くい虫」による被害は、近年は毎年200本程度の推移で、1ha(1万㎡)あたり1本程度と少なくなっている。松くい虫以外で確認されている被害は特にないという。

42 志賀海神社

★志賀海神社歩射祭（無形民俗文化財）

【所在地】福岡県福岡市東区志賀島877
博多湾にある周囲12㎞の志賀島は砂州でつながる島で、昭和６年（1931）に橋ができるまで干潮時しか渡れなかった。三山（勝山・衣笠山・三笠山）があり、神社の横に天龍川が流れる。

【由来及び文化誌】

玄界灘に臨む海神の総本社

祭神は、表津綿津見神・仲津綿津見神・底津綿津見神。『古事記』に「三柱の綿津見神は阿曇連等の祖神と以ち伊都久神なり」と記されている。

『新撰姓氏録』の右京神別下に「安曇宿禰。海神綿積豊玉彦神子稲穂高見命之後也」とある。平城天皇の大同元年（806年）神封八戸が寄進され、清和天皇（859年）の時従五位上の神階が授けられた。『万葉集』に「ちはやぶる鐘の岬をすぎぬともわれは忘れじ志賀の皇神」、「志賀の浦に漁する海人家人の待ち恋ふらむに明し釣る魚」（万葉集一五〈3653〉）と詠われた。玄海町鐘岬は、古くから航海の難所とされて、志賀の神様に航海安全が祈願され、海人の阿曇氏の奉斎する祖神とされる。阿曇磯良が海中に潜り、志賀明神、勝馬明神が亀に乗って現れ、干珠・満珠を神功皇后に授け、その亀は逃がしたところ、石と化して浜に流れ着いたという故事の亀石が祀られている。

１月歩射祭、9月９日御神幸祭は、３台の神輿を頓宮に移し、龍の舞、八乙女の舞、鞨鼓の舞が奉納される。10月男山祭・国土祭等がある。特殊神事として、四月「山誉種蒔漁猟祭」、秋は、「山褒狩り漁祭」がある。その際、育民橋で稲の種を撒き、豊作を祈願し、志賀島の勝山･衣笠山･三笠山を祓い「あーらよい山　繁った山」と誉める。

育民橋と楼門

【森の現況】

高木層はマテバシイが優占し、タブノキ、シロダモ、ヤブニッケイ、ハゼノキなどを交える。志賀島中央部では純林状態の林分も存在する。亜高木層以下ではイヌビワ、ハマビワ、ヤブツバキ、マサキ、トベラ、ハクサンボク、ムサシアブミなどが生育する。植生的にはマテバシイ－ハクサンボク群落である。

境内の樹木のうち、タブノキ、マキ、スダジイ、イヌマキ４本、クスノキ３本、エノキ２本が福岡市保存樹木に、指定されている。

遠景

亀石遥拝所

作物を荒らす鹿を退治する「山褒狩り漁祭」

43 春日（かすが）神社

★婿押し祭り（国指定重要無形民俗文化財）

【所在地】福岡県春日市春日1-110
背後は、社の森が広がり、遠く三笠山が遠望できる。北側に手前社池があり、前方に牛頸川が流れる。

【由来及び文化誌】

大宰府の置かれた時代に大和国から神を迎えて創建

祭神は、天児屋根命（あめのこやねのみこと）・武甕槌命（たけみかづちのみこと）・経津主命（ふつぬしのかみ）・姫大神（ひめおおかみ）。

神護景雲２年（768年）藤原田麻呂（ふじわらのたまろ）太宰大弐として大宰府に在りし時、大和国春日より、天児屋根命・武甕槌命・経津主命・姫大神を迎えて、社殿を創建したとされる。天正14年（1586年）、戦火で社殿・古文書などが焼失したが、1627年再建された。

春日神社の神の森や木々ついて、筑紫儺県春日神社記録に「後ろの山を春日山といひていと森々たり……此春日山より遠望するに　北に春日野そして三笠山遥かに望めり。元より御山にて木を伐る事はいふに及ばす　落ち葉を拾う人もなければ分け入るべき道もなし」とある。また、「筑前国続風土記附録」には、「此川（春日川）向ひ五町余に小高き松林ナラマツと云うあり。古へ神幸ありし時の頓宮地とぞ」とある。

４月春籠の祭、７月夏籠の祭・10月秋例大祭がある。１月成人の日の前日の夜に婿押し祭り（国指定重要無形民俗文化財）があり、前年度に結婚した新郎を、皆で「祝い歌」を歌いながら、拝殿で押し（拝殿揉み）、境内の池の若水をかけて祝福する。

春日神社の境内

「春日の杜」

クスノキ

ムクノキ

ムクノキ前の池

【森の現況】

参道は生活道路となり、周辺は宅地化している。末社の天神２社にクスノキ及びムクノキの大木（春日市保存樹木）がある。

境内にはクスノキ11本があり、その中の５本の根が癒合して林立し森のようになっており、「春日の杜」（県指定天然記念物）と呼ばれている。

ヤマフジの巨樹がクスノキに巻きついているが、相互共生の点からも一考させられる。

社殿の裏山は社叢林としてシイ、カシなどの照葉樹の極相林が残っており、都市化した市街地においては特筆すべきである。

隣接する林地も春日市の保全林として開発による自然破壊を防いでいる。春日神社裏山の森（３万1163㎡）は、1995年、春日市により、緑地保全地区に指定された。

１月成人の日の前日の夜の「春日の婿押し」

44 生の松原・壱岐神社

★自然生態保護区

【所在地】福岡県福岡市西区9
千代松原（東区）とともに博多湾を代表する黒松林。東は十郎川河口、西は長垂山。長垂海岸から小戸海岸にかけての約2.5㎞は、元の侵攻を防いだ元寇防塁の跡がある。

【由来及び文化誌】

博多湾に面した約3㎞におよぶクロマツ林

文永11年(1274)、蒙古の襲来を受けた鎌倉幕府は、建治2年(1276)に博多湾の海岸線に再度の来襲に備えて、海岸線に沿って肥後国(現熊本県)の分担で、生の松原に元寇防塁石築地を築かせた。永仁元(1293)年には、異国調伏のため、熊野権現(壱岐神社の相殿か)が生の松原に 勧請された。慶長15年(1610)、初代福岡藩主黒田長政は、松原の東方の空地に松の植林を命じ、また唐津街道の整備を行う。

文明12年(1480)、生の松原を訪れた連歌師宗祇は、松原について「大さ一丈ばかりにて皆浦風に傾げたるもあはれなり」と『筑紫道記』に記した。

福岡藩の儒学者・貝原益軒は『筑前国続風土記』(1709年)で、「林中広く、白砂清潔にして、風景すくれ、他邦には又たくひもなき佳景也」と評した。

平安時代以来、「生き」を「行き」に掛け、九州に下向する送別の和歌に多く 詠まれた生の松原は、千代松原とともに当時の都人に広く知られた博多湾の名所となっていた。

「祈りつゝ　千代をかけたる藤波に生の松こそ思やられむ」(藤原為正〈939？－998年〉 後拾遺和歌集八〈別〉)、「都へと生の松原いきかへり　君が千歳にあはんとすらむ」(源重之『後拾遺和歌集』十九〈雑五〉)など。

生の松原近景

松葉がきを行っている所は抵抗性の強い松が植えられている

海岸沿いの元寇防塁（石築地）

「白砂青松 美の松露」による保全活動（写真提供：森陽一氏）

【森の現況】

博多湾に面し旧唐津街道沿いに約３km、面積40haの防風保安林。国道を挟んで海側が九州大学農学部福岡演習林早良実習場、陸側は福岡市農林水産局の管理となっている。

2000年代後半からのマツクイムシ被害により大木の松は、ほとんどが枯れて、伐採後の空地にはマツザイセンチュウへの抵抗性の強い松が植林され、樹齢の異なる混合松林となっている。都心にも近く、散歩や浜遊びなど市民の憩いの場としても利用されている。

クロマツ林の中では近年、ケヤキ、サクラ等の広葉樹も見られる。

「白砂青松 美の松露」の会員により、松葉掻きや雑草抜き等、白砂青松の景観維持のための保全活動が行われている。自生の松が生えて、ショウロ（松露）が採れるようになっている。

壱岐神社（写真提供：河口里美氏）

45 高良大社

★史跡「高良山神籠石」、「高良大社文書」福岡県文化財等。
天然記念物：クス（福岡県）、金明孟宗竹（国）
高良山獅子舞（市指定文化財）

【所在地】 福岡県久留米市御井町１
高良山（別名：高牟礼山・標高312m）の中腹の筑後川を遠望する位置で、眼下に筑後川と肥沃な筑後平野が広がる。山頂の水源地の湧水は高良川に落ち、やがて筑後川に注ぐという。

【由来及び文化誌】

古くは「高良玉垂宮」と呼称し、歴代皇室の尊崇厚く、筑後国一の宮

主祭神は、高良玉垂命、八幡大神、住吉大神。境外末社に、味水御井神社等。『延喜式神名帳』には「筑後国三井郡高良玉垂命神社」と記載されて、筑後国一宮とされた。『日本紀略』に貞観11年（869年）従一位、『筑後国神名帳』に、寛平９年（897年）は正一位に達したとされる。「肥前国風土記」に、景行天皇の高羅山（高良山）に行宮が見られる。『高良記』には、天竺無熱池の水を勧請したとある。大社の『絹本著色高良大社縁起』によると約1600年前、異国の兵が筑紫に攻めた時、神功皇后が四王司山で祈りを捧げたところ、高良玉垂命という神が住吉の神とともに初めて出現したという。

６月１日、川渡祭（へこかき祭り）は、赤い下帯の若者が禊を行い、高良大社の階段を駆けあがって境内で茅の輪くぐりを行う。川渡祭は、「川浸り」とされて筑後次郎・筑後川の重なる氾濫の鎮めを願う水難除けの祭祀で、かつては、筑後川で禊をしたという。

例大祭（10月９～11日）は、「高良山くんち」が行われ、獅子舞、高良山十景舞などが奉納される。50年ごとに御神期大祭に高良山から山麓の朝妻の頓宮（味水御井神社）まで神輿の神幸祭が行われる。

中門と透塀、奥が本殿（写真提供：高良大社）

ご神木のクスノキ

【森の現況】

参道の階段沿いには、イチイガシ、クスノキ、モミジなどが見られる。境内には、御神木のクスノキの巨木の他、イチイガシ、クスノキ、スギ、モミジなどが見られる。

高良山の森林植生はツブラジイが優占する照葉樹林で、林内にはヤマモモ、アラカシ、イチイガシ、タブノキ、イスノキ、モチノキ、クロガネモチなどが生育している。

国天然記念物・金明孟宗竹が自生している。

「御井校区まちづくり振興会」、「高良山の森と環境を守る会」「高良山の緑と史跡を守る会」を中心に高良山の保全活動を行っている。春はアジサイ祭り、秋はモミジ祭りを開催して、楽しみながら自然環境の保全に携わる。

高良大社から遠望。筑後川と筑後平野、久留米の街並みが広がる

長い階段の参道

川渡祭（へこかき祭り）

6月1日の川渡祭（災いを福に転ずると伝わる茅の輪くぐり）

46 高祖神社

★本殿・拝殿・大鳥居（福岡県有形文化財）
高祖神楽（福岡県無形民俗文化財）

【所在地】福岡県糸島市高祖1240
高祖山（標高416m）の山麓に位置する。本殿の左に陽池、右に陰池がある。神社のすぐ下には、美しい城下の家並みが続く。

【由来及び文化誌】

古代と中世の城跡が残る高祖山の中腹に鎮座

主祭神は、彦火火出見尊、玉依姫命、息長足比女命（神功皇后）。大正15年、県社に昇格した。

『三代実録』に「筑前国正六位高礒比売神に従五位下を授く」と記されているのが高祖神社とされる。『筑前国続風土記』には「村の東高祖山の西の麓にあり。怡土郡の宗廟なり。社池、左に陽池といい、右に陰池という。炎旱にも涸渇せすという。陽池の中嶋に宗像三女神を祭り。神木楠（5尺余り）……」と記された。

『風土記』には「怡土の県主等が祖先、高麗の国の意呂山からの日桙の苗裔、五十跡手是なり……今、怡土の郡と訛れるなり」と記された。つまり、五十跡手が怡土郡になったと考えられる。

祭祀は、4月26日の春大祭（高祖神楽奉納）、6月（第4日曜日）の夏大祭・千度潮井（前日夜に輪越し）、10月25日・26日秋大祭、夜神楽が奉納される。氏子らの奉仕で、春と秋の年2回神楽殿で奉納されている。

高祖神社の境内

高祖山

参道

高祖神楽（写真提供：高祖神社）

【森の現況】

高祖山の中腹に位置し、参道の両側にはスギ、ヒノキの植林があるが、その中にツブラジイ、スダジイ、カヤなどが混生し、下層にはアオキ、ネズミモチ、ササ類などが生育している。

昭和27年、参道にスギ、ヒノキとともにサクラを植えたが、サクラは針葉樹に負けて、育たなかったという。本来、シイが優占樹種と思われ、腐朽が進んで空洞があるツブラジイやカヤの巨木もみられる。低木にはヒラドツツジ、ササ類などが顕著である。

本殿脇にはオガタマノキの古木や藤棚があるが、オガタマノキはベッコウタケと思われる腐朽菌で侵され、危険な状態にある。男池の前には、モッコク（県指定）、境内にはクスノキ、スダジイの巨木などがみられる。

なお、『福岡県名所図録』には、参道にサクラ、スギかヒノキ等が見られる。適切な腐朽防止措置などを施すことで荘厳な趣がさらに増すと思われる。

47 香春(かわら)神社

【所在地】福岡県田川郡香春町大字香春733
香春岳（かつて508mの一ノ岳）の山麓に位置。遠賀川支流で、清らかな川の意味の清瀬川（今は金辺川）が前に流れる。

【由来及び文化誌】

かつては宇佐神宮と並び称された豊前国の大社

祭神は、辛国息長大姫大目命(からくにおきながおおひめおおじのみこと)、忍骨命(おしほねのみこと)、豊比咩命(とよひめのみこと)の三神。

社伝に、709年、一の岳南麓に一社を建て、三社の神を新宮に合社したとされる。延喜7年（903年）「田川郡に三座として、三神社名が挙げられる（『延喜式』巻十）。『豊前国風土記』には、「……此の河の瀬清浄し。因りて清河原の村と號けき。……昔者、新羅の国の神、自ら渡り到来りて、此の河原に住みき。名づけて鹿春の神と曰ふ。……頂に沼あり。黄楊樹（つげのき）生ひ、龍骨あり。第二の峰には銅、並に黄楊・龍骨等あり」と記された。

『叡山大師伝』には、最澄が入唐の時、香春岳の神に航海安全を祈願して、無事帰着したと伝える。

香春町のシンボル・一の岳は、戦前、セメント用の石炭採掘のために削られた。昭和14年（1939）、香春岳の工事の最中に山頂から巨石が落下して、新たな伝説になり、「山王石」と命名された。香春岳は、平らに削られて元の半分程度に低くなり、今も一の岳の中腹付近まで石灰石（寒水石）の採掘が進んでいる。5月5日の祭礼には、神輿が山から下りて集落を巡回する。

社殿と背後に茂る照葉樹林

境内見取図

現在の香春山

1939 年、香春岳の工事中に山頂より落下した「山王石」

【森の現況】

参道入り口から続く桜並木は名所となっている。参道をあがりはじめるとヤブツバキがあり、タブノキ、クロガネモチなどの大木が整然と並び、人々を社殿まで案内している。

社殿への階段の左右にスギ、マキの直木があり、境内にはクスノキ、イチョウ、ムクノキの巨木や大木がそびえ立っており、静寂と雄大さが畏敬の念と神聖な処であることを強く感じさせる。

裏山の社叢にはイチイガシ、タブノキ、スダジイ、クスノキなどの照葉樹の大木が林立している。

林内にスギが一部植林されていることが惜しまれる。社叢林に多くみられる常緑のオオバヤドリギが着生していることも見逃せない。

近年、削られた山の保水力が弱くなった結果、清瀬川は金辺川に名称変更したという。

48 宇美八幡宮

★国指定天然物「衣掛の森」「湯蓋の森」
「宇美神楽」（県指定無形民俗文化財）

【所在地】福岡県糟屋郡宇美町宇美一丁目1-1
三郡山と頭巾山の谷間に源を発して、博多湾に流れる宇美川の上流に開けた平地を見下ろす位置に鎮座する。神社のすぐ側に清らかな「鯉の小川」が流れる。

【由来及び文化誌】

応神天皇誕生地に鎮座する安産祈願の社

祭神は、応神天皇、神功皇后、玉依姫、住吉大神、伊弉諾尊。

創建は『伝子孫書』に「敏達天皇三年甲午筑紫の蚊田の邑に始めて宮柱太敷建給う」とある。平安時代には石清水八幡宮と本末関係にあり、安産祈願の守護神。明治24年には県社に昇格した。『筑前国続風土記附録』に「槐木本、社の右にあり。湯蓋の楠、本社左にあり。九囲余り。神池の中に石橋二あり。高麗橋と云。宮の後の山を胞衣が浦弥勒山と云」と記された。『八幡本紀』に「湯蓋の森」や８月15日の大祭の放生会などの記述がある。1702年の古図（元禄15年、上田吉勝筆）にも放生池が３カ所見られる。

祭祀は、春の大祭（４月14日、15日）「子安祭」があり、隔年に神輿の神幸がある。子安の木（槐）は、『愚管抄』にも見える安産祈願と知られ、子安の石の信仰があり、境内に多く奉納されている。10月15・16日「放生会」（別名：仲秋祭）が開かれて、子供による浦安舞の奉納「宇美神楽」の奉納がある。

宇美八幡宮は、詠産宮古歌が多数ある。

「諸人をはぐくむ誓　ありてこそ　うみの宮にはあとをたれけめ」『万代集』（藤原家隆）
「かけまくも　畏けれども産の宮　我が皇神にしろしあらませ」『拾玉集』（慈鎮和尚）

クスノキの巨木が茂る宇美八幡宮の境内

「湯蓋の森」と呼ばれる１本のクスノキの巨木

「衣掛の森」もクスノキの巨木

鯉の小川

「産湯の水」と子安の石

【森の現況】

クスノキの巨樹が群生し、森のようになっている。クスノキの「衣掛の森」・「湯蓋の森」は、地域のシンボルであり誇りである。他のクスノキの巨樹も大切に守り育てられている。

社殿横には樹齢はまだ若いもののご神木のエンジュが生育し、累代自然更新されているという。『筑前名所図会』（1821年）『福岡県名所図録図絵』に、ご神木が描かれている。

境内は舗装ではなく土の部分が多いため、樹木の樹勢は古木にしては良好であり、維持管理への気配りも感じられる。

また、落葉を木道の下に収納し、土に戻す自然循環を実施していることは特筆すべきである。

落雷被害防止のため避雷針が必要と考えられる。

49 鮭神社

【所在地】福岡県嘉麻市田島大隈542
周囲には、遠賀川の源流となる馬見山と屛山・古処山がある。拝殿の後ろに、周囲の山々の神を祀る六つの祠がある。

【由来及び文化誌】

遠賀川上流の地で海神の使いサケを祀る

祭神は、彦火火出見尊（山幸彦）、豊玉姫、鸕鷀草葺不合尊。海に帰られた豊玉姫は、夫の山幸彦と愛しい子に対し、神の使い「鮭」に便りを託したと伝わる。この神社付近の遠賀川上流の嘉麻川まで鮭が上ると五穀豊穣・無病息災と喜びもし、遡上する鮭を捕まえて食べると災いに遭うと伝わる。神護景雲３年（769年）に建立された。『筑前国続風土記』（1709年）には「大隈村の産霊也。鱖を神に崇むと記せり。社内に石一箇有り。是鱖を埋ミたる印なりと云」とあり、古くから鮭を埋めたとされる。『筑前国続風土記附録』には、「霜月十三日祭あり。是鱖魚を神に崇むと云う。鮑君神」と記された。

毎春「遠賀川源流サケの会」による鮭の放流や「遠賀川流域住民の会」による源流地の山の保水力維持のため、植樹や竹炭を利用した川の水質浄化など、住民活動が活発である。毎年12月13日献鮭祭が行われて、遠賀川下流等で獲ったサケが奉納されて、鮭塚に埋められる。全国各地から、サケと関わる関係者の奉納が多い。

正面の鳥居

境内の木々

遠賀川

【森の現況】

参道鳥居付近にクロガネモチの大木がある。境内入口には双立するクスノキの巨木（夫婦クス）がある。主幹に空洞があり腐朽部の処置と雨仕舞をおこない保護されているが、樹勢は衰退し始めており、葉量も少なく葉も小形化している。

境内には、珍しいホルトノキの老木の他、イチイガシ、バクチノキ、リンボク、クスノキ、エノキ、ヒノキ、スギなどがみられる。

社殿裏のエノキにはボウランが着生している。

境内整備により覆土がなされ、根系呼吸障害により樹勢が衰えはじめているため、土壌改善など何らかの処置を要する。

鮭献祭

夫婦クス

50 裂田神社・裂田溝

【所在地】福岡県那珂川市安徳
山田の一の堰手から掘られた日本最古の人工水路「裂田溝」沿いに位置する。周囲には、日本最古の灌漑水路「裂田溝」が流れる。

【由来及び文化誌】

日本最古の灌漑水路が周囲を流れる神社

神功皇后を祀る。裂田溝は、山田の一の堰手から取水し、総延長約5.5kmに及ぶ。7集落(山田・安徳・東隈・仲・五郎丸・松木・今光)の約120ha(江戸時代の文献には、129町余)以上の水田を潤す。

『日本書記』神功皇后(六)迹驚岡(那珂川市安徳)に「神功皇后が神田を定めて、儺の河の水を引いて、神田を潤そうと迹驚岡まで溝を掘ると大磐が塞がって溝を通すことができなかった。皇后は武内宿禰を呼び寄せて、剣鏡を捧げて神祇に祈禱を捧げて、溝を通したいと願うと、その時雷電霹靂(雷が急に鳴ること)して、その岩を踏み裂いて、水を通した。それで人はその溝を裂田溝というようになった」と記された。また、『筑前続風土記附録』にも類似の記録が見られる。

祭りは、7月20日に夏ごもり、11月28日に氏子たちの「火炊き籠り」が行われる。

裂田神社は、夏ごもりでは「御願立て」として、「千度参り」が行われる。神社の裏側のシイの枝を一つ持ち、拝殿の前にシイの葉を供える。1000枚集まると成就すると伝わる。

裂田神社(写真提供：森陽一氏)

裂田溝（写真提供：森陽一氏）

裂田溝（写真提供：森陽一氏）

水田（写真提供：森陽一氏）

【森の現況】

高木はシイ、ヤブツバキ、タブノキ、クロキ、クスノキ、イチイガシ等が生育している。中低木には、ミミズバイ、ハクサンボク、カクレミノ等が生育し、植林されたモミ、スギ、ヒノキ、イロハモミジ等も見られる。

裂田溝では2003年から2007年度「水環境整備事業」以来整備されて、2017年は、裂田溝公園がオープンした。裂田溝遊歩道や散策路等が整備され、広く利用されている。神社や鎮守の森の周囲を巡る水は実利だけではなく、景観を織りなす重要な役割を果たしている。

51 伏見神社

【所在地】福岡県那珂川市山田
那珂川畔の山田集落の「裂田溝」の取水のために築かれた「一の堰手」に、水路や田畑を見守るように鎮座する。

【由来及び文化誌】

日本最古の灌漑水路の第一の堰を見守る

祭神は、淀姫命、素戔嗚尊、神功皇后、黒殿（武内宿禰）、大山祇神。

欽明天皇の御代、佐賀の「川上大明神」（與止日女神社）を当地に勧請したと伝わる。後世に、山城国伏見の御香宮を勧請して、合祭したので、伏見大明神と称す。1648年、津田市之亟茂貞が今の地に社殿を造営した。

「裂田溝」は、山田地区から安徳・仲を経て今光に至る総延長約5.5㎞の古代人工水路である。貝原益軒の『筑前国続風土記』（1703年）に「山田村にあり。裂田溝の水上也。この水を引き、神田を造らせ……井手の幅80間（150m）で、山田・安徳・東隈・仲村・五郎丸・松本・今光七村の田地潤す」とある。

「一の堰手」から水を引く山田の水田の中には、神様に奉納する米を作る「垣の内」という田がある。毎年７月14日の祇園祭では、「岩戸神楽」（県指定無形民俗文化財）が奉納されている。その際、「荒神」（鬼）に抱かれると無病息災のご利益があることから、子連れの参拝が多い。

伏見神社の境内（写真提供：藤野辰夫氏）

【森の現況】

よく管理された社叢林であり、巨樹が多く林立している。特にイチイガシが多い。植栽された巨樹も多い。イチョウ１本、イヌマキ１本、タブノキ２本、ケヤキ１本、カヤ１本、スギ１本、クスノキ２本 、イチイガシ７～８本。自然植生は、アラカシ数本、ヤブツバキ数本、ミミズバイなどである。

社叢全景（写真提供：森陽一氏）

一の堰（写真提供：森陽一氏）

上空より一の堰手を見る伏見神社（中央の森）
（写真提供：那珂川市教育委員会）

奉納されている「鯰の絵馬」（写真提供：森陽一氏）

52 青島(あおしま)神社（鴨就宮(かもつくみや)）

★国の天然記念物
亜熱帯性植物群落（特別天然記念物）

【所在地】 宮崎県宮崎市青島二丁目13
周囲約1.5kmの青島は青島神社の境内地で、島の中央に古代祭祀の跡地で、最も神聖視される「元宮」が位置する。青島は2400万年前の隆起海床に貝殻が堆積してできた島で、別名「真砂島」。古代万葉の人々は、和歌の中で「浜の真砂」と詠んだ。青島では貝の中でも特に「宝貝」が真砂と呼ばれ大切にされてきた。

【由来及び文化誌】

霊域として崇められた神の島に鎮座

祭神は、彦火火出見命(ひこほほでみのみこと)、豊玉姫命(とよたまひめみこと)、塩筒大神(しおつつのおおかみ)。古来、別名「鴨就青島宮」と称した。社伝に、彦火々出見尊が海宮より帰る際、この島に着き、仮宮居を定めて豊玉姫の産屋を鵜戸に定めたという。平安朝の国司巡視記『日向土産』に「嵯峨(さが)天皇御宇奉崇青島大明神」と記された。社伝に、当青島の背後に島があったが、寛文２年（1662）に発生した外所(とんところ)大地震で全島が海に没したという。

元文２年（1737）まで、入島は許されず藩の島奉公と神職だけが入島した。周囲は、中新世後期の約700万年前位に海中でできた水成岩が隆起した「鬼の洗濯板」と呼ばれる波状岩が広がる。

祭りは、旧暦３月16日「島開き祭」の神事と、７月の夏祭「海を渡る祭礼」の浜下りがある。神輿を乗せた船「御座船」を先頭に満艦飾の大漁旗で飾った数十艘の漁船らが青島を一周した後、神輿と行列等は集落を練り歩き、城山の対岸の折生迫(おりうざこ)の御旅所「天神社」に１泊、翌日神社に帰還される。

例祭は、10月18日。１月の冬祭（成人式）は、山幸彦が海宮から青島に帰り着いた故事を再現する「裸参り」は、全国からの人々が海水に入る。

青島神社の境内

青島の全景（写真提供：青島神社）

本宮

例祭（写真提供：青島神社）

【森の現況】

青島は、『日州名所案内』（1899年）にも記されたように、ビロウ（別名、蒲葵・枇榔樹）が優占種で、中には樹齢は約300余年のものもある。

鳥居周辺の海岸沿いは、ダンチクが茂る他、クワズイモ、ハマユウ、フウトウカズラやシャリンバイ、タブノキなどがみられる。タブノキの株跡が多いことから、ビロウ以前はタブノキ林であった可能性もある。

元宮へ至る参道はビロウの樹冠に覆われている。参道と島の周囲をめぐる砂浜以外は立ち入ることができず、神域の林床は清掃も禁じられて、台風で木々が倒れてもそのまま置くのが決まりとなっており、神域は自然更新の植生となっている。

真砂の貝文

53 水沼神社（湖水ケ池）

【所在地】宮崎県児湯郡新富町日置679
水沼神社は、日置の湖水ヶ池（周囲約１㎞・面積約７ha）の畔に位置する。東岸は、富田浜公園・海辺の防潮保安林に接する。

【由来及び文化誌】

水神様の蓮根は、江戸時代奈良から取り寄せて植えた

祭神は、水波能女神。『日向地誌』に、「水沼神社　村社　海浜水沼ノ中央ニアリ水波女神鳴雷神闇淤加美命ヲ合祭ス例祭陰暦九月二五日」と記された。『高鍋藩続本藩実録』文化３年（1806年６月27日）に、「湖水に而御雨乞二十九日迄雨」と記された。水を司る神として、地域の水の信仰を集めた。

明治40年（1907）の『宮崎県児湯郡富田村是』に、「沼中悉ク紅白ノ蓮花ヲ以テ埋メ花時美観ヲ呈ス、毎年ノ例祭ニハ遠近ノ老幼男女群ヲナシ……」と記された。江戸時代、高鍋藩主秋月種茂が貧しい藩財政を立て直すため、良質の大和産のレンコンを取り寄せて、栽培させたとされる。農閑期の冬に収穫できるレンコンは、農家にとって貴重な収入源となった。

毎年、春祭り３月21日には、神事と神楽の奉納がある。また、その年のレンコンを掘る権利を入札で買うのが昔からの決まりで、参加するのは氏子約200戸に限られる。秋祭りは、旧暦８月15日（中秋の名月）収穫されたレンコンをお供えして、神楽の奉納がある。湖水ケ池で栽培されるレンコンは、独特な粘りがあっておいしく、「水神様のレンコン」と親しまれている。

水沼神社の境内

湖水ヶ池と水沼神社

拝殿の前に広がる森

湖水ケ池のハス（写真提供：瀧口初美さん）

【森の現況】

湖水ヶ池の東側（太平洋側）は、散策路が作られてクスノキなどの照葉樹林が続く。以前はマツ林であったが、松くい虫による被害で、現在マツはない。

拝殿の左側にはタイサンボクの巨木、右側にはカナリーヤシ、フェニックスの大木とクスノキなどがみられる。フェニックスは、異常がみられたが、神社で処置を行ったという。

参道には、クスノキとサクラなどが植栽されている。幼稚園に続く道に、樹齢の若いイチョウがあるが、後継樹として保全すると神社の象徴的樹木になると思われる。

真夏には、湖全面に白い蓮花が咲く。昔は、「池ん川」といい、海とつながりボラなどの魚もみられたという。

神社の前の水路は、約20年前に排水路が作られて、水脈が切られて水が流れないという。

54 比木神社

★クス、チシャノキ（町指定天然記念物）

【所在地】宮崎県児湯郡木城町椎木1306
赤城山の麓に鎮座する。水田・畑の平野の先端の位置で、すぐそばに小丸川が流れる。

【由来及び文化誌】

百済王・福智王を祀る

祭神は、大己貴命・事代主命・素盞嗚命・福智王、櫛稲田姫命、三穂津姫命。『比木大明神本縁記』（天保３年〈1832〉）に、百済王・福智王を祀るとされる。663年、唐と新羅の連合軍によって百済が滅ぼされて、百済の福智王は、現在の高鍋町蚊口浦に流れ着き、この地の住民の尊崇を受けて、死後「比木大明神」と祀られるという。比木神社の南東側に福智王の墓の五輪塔があり、約600年前に建てられたと伝わる。美郷町の神門神社は、福智王の父・禎嘉王が祀られている。

10月28日（近い週末）に「お里周り」があり、神輿が小丸川の左岸から右岸に渡る御神幸祭がある。11月４日の「大年下り」は、比木神社の祭神・福知王のご神体（袋神）が、高鍋町の大年神社に祀られている母君（禎嘉王妃の之岐野）を訪ねる神事。旧暦12月18日～20日頃の「師走祭」は、比木神社の福地王が美郷町の神門神社に祀られている父・禎嘉王を訪ねる祭礼。初日の「上りまし」は、日向市金ケ浜で禊を行い、神門神社一の鳥居近くで、30基余りのやぐらの「迎え火」の中、神門神社の本殿に向かう。３日目の「下りまし」は、父と子が別れを惜しみ顔にヘグロ（墨）塗り、「おーさらばー」と叫ぶ。「四季払ふ　神風そよぐ比木の森」（作者不明）と詠われる当社は、さまざまな特殊神事が伝わり、地域の信仰を集めながら日韓の古代文化に基づいた交流の縁の地となっている。

境内入口の大クス

参道

悠々と流れる小丸川

神門神社にて「師走祭」（写真提供：美郷町観光協会）

【森の現況】

鳥居の入り口の大クスは、幹回り６m、樹高25mで、1596年の『高鍋藩記録』に見られる巨木で、参道の左側の大クス（樹齢約600年）とともに、この神社の歴史を感じさせる。

本殿の右側には樹齢約300年、幹回り３m60cmのチシャノキ（別名：カキノキダマシ）の巨木がある。その他、カシ類、タブノキ、スギなどが生育している。境内や参道は、神職や氏子らによって綺麗に整備されて、管理は行き届いていると思われる。

しかし、入り口のクスノキは、生育空間が狭く、樹勢は良くない。土壌改良や根の部分の空間を確保するなど保全措置が望ましい。

55 荒立(あらたて)神社

【所在地】 宮崎県西臼杵郡高千穂町三田井667

興梠(こうろぎ)姓の由来と伝える神呂木(かむろぎ)山の麓・「本組集落」の背後に鎮座する。すぐ側を歩くと、槵觸(くしふる)（久士布流）峰につながる。槵觸神社がすぐ近くにある。

【由来及び文化誌】

天孫降臨の地に湧き出た泉のそばに鎮座

祭神は、猿田彦命(さるたひこのみこと)と天鈿女命(あめのうずめのみこと)。猿田彦命は、瓊瓊杵尊(ににぎのみこと)の天孫降臨の道導きの神として、天鈿女命は天照大神が天の岩戸に隠れた時、舞い踊った芸能の神。猿田彦大神と結ばれて、荒木の白木造りとしたことから別名「荒建宮」とも称される。

「天真名井(あまのまない)」は藤岡山の麓にあり、「天村雲命」が天孫降臨の時、地上に水の種を移されたと伝える。「此の水を天の瓊瓊杵尊御降臨の時持下り……」と『太宰管内志』に記された。

神代(じんだい)川は、水の恵みと水害で知られた川で、天明８年（1788）『神代川御修復奉加帳』に記述がある。神代川は、現在、「神代川かわまちづくり協議会」による豊富な湧水の復活を目指している。

例祭は１月第２土曜、７月29日。前夜祭は、盛大なカラオケ大会と例祭は子供の神輿がある。12月には天真名井→バショウ（瀬織津）水神→佐久良谷水神→白川水神→井の元水神→白水水神→一の瀬水神→吐水神の８カ所を神酒と御幣を持って参る。

スギがそびえ立つ社叢

神代川

天真名井のご神木（ケヤキ）の根本の湧き水は神代川に流れる

12 月の水祭り

【森の現況】

天真名井より湧き出る水は、神代川を流れ、玉垂の滝より真名井の滝・五ヶ瀬川へ注がれている。

鳥居をくぐって短い階段を上るとすぐに拝殿があるため参道はほとんどなく、サクラ、サカキ、ヒサカキ、イチョウなどが見られるものの、大木はない。本殿の前と後ろには巨大なスギが覆いかぶさるように立つ。

本殿脇にはやや小ぶりのスギに囲まれた広場を通り抜けて山道を行くと槵触神社へ至る。その道沿いには大きなスギが林立する。

この神社の主役は隣接する槵触神社や近隣の高千穂神社とともにスギである。

高千穂は周囲を山に囲まれた盆地で，雲海で名高い高い湿度の風土がスギに適していると考えられる。

祭神像

56 高千穂神社

★秩父杉（町天然記念物）

【所在地】宮崎県西臼杵郡高千穂町三田井1037
高千穂は平地が少なく、谷や山に囲まれた地域である。周囲には、瓊瓊杵尊が八重雲を押し分けて天降りたとされる二上山や国見ヶ丘、天香山などの山々がある。

【由来及び文化誌】

天孫降臨の地、高千穂郷八十八社の総社

主祭神は、高千穂皇神。瓊瓊杵尊、木花開耶姫、彦火火出見尊、豊玉姫命、鸕鷀草葺不合尊、玉依姫、十社大明神：三毛入野命（神武天皇の御兄）、鵜目姫命等。

『日本書紀』は、「日向襲之高千穂峰」「筑紫日向高千穂」と記述している。『日向国風土記（逸文）』に、「日向国臼杵の郡知舗の郷。天津彦々火瓊々杵尊……日向の高千穂の二上の峰に天降り……千穂の稲を抜いて籾とし、四方に投げ散らしたれば、即ち、天開晴り、日月照り光き」と記された。『三代実録』の天安２年（858）10月条に「高智保皇神」という記述も見られる。高千穂神社は、古くから「十社大明神」、「十社宮」等と称されたが、明治28年（1895年）現社名・高千穂神社と称する。大伴家持の長歌に、「ひさかたの　天の戸開き　高千穂の　嶽に天降りし　皇祖の神の御代より……」（万葉集二〇〈4465〉）と詠われている。

４月16日例祭・浜下り神事は、神輿２台が玉垂の滝で「鬼の目かずら」、神代川の天真名井に巡幸する。

旧暦12月３日「猪掛祭」の特殊神事があり、往古、高千穂地方で災いを起こす「鬼八」を十社大明神が鎮圧し、その霊を鎮めるため、猪を丸ごと供える「鬼八眠らせ祭り・笹振り神楽」という鎮魂儀礼が行われる。

高千穂神社の例祭

スギが茂る社叢全景

水源地の水の神への神楽奉納（例祭にて）

【森の現況】

鳥居から参道にはアラカシ、クスノキ、シラカシ、イチョウなどが生育し、社の裏側は５ｍほど高くなり、ケヤキ、イチイガシ、カヤ、イロハモミジなどの巨樹に覆われている。

境内（約8900坪）には多数のスギの巨木がそびえたち、鬱蒼と繁って荘厳な雰囲気である。樹齢約800年の「秩父杉」は文治年間、秩父の豪族畠山重忠公の手植えと伝える。

２本の杉の幹が一つになった「夫婦杉」を含む７本のスギの巨木は、いずれも参拝者の踏圧の影響で、根が著しく露出し、傷められている。樹勢も衰えているので、踏圧防止の木板のデッキや保全柵の設置・回復処置等が望まれる。

鬼の目かずら（神楽などの道具清め）

おのごろ池の浜降り（例祭にて）

57 白川吉見神社（白川水源地）

★環境庁名水百選1985年
熊本名水百選

【所在地】熊本県阿蘇郡南阿蘇村白川2052
阿蘇五岳の麓に位置する阿蘇村の中を流れる白川水源地に鎮座する。

【由来及び文化誌】

阿蘇山火口丘の伏流水が毎分60トン湧き出る水源を守る水の神

祭神は、罔象女命（みつはのめのみこと）と国龍大明神。かつて、阿蘇五宮とも水神とされた。白川の流れの総水源、「妙見さん」と呼称され、『南郷事蹟考』には「白川社」と記載された。文政年中（1818～30年）から６月19日の祭礼で神幸を始めたとされる。現在の吉見神社の社殿は、明治42年に造営された。

南阿蘇の火山群の阿蘇中央火口丘の地下を流れる伏流水が湧水として噴出する。阿蘇五岳に降り注いだ雨などが白川の最上流部の水源で、毎分60トンの湧水は、周囲の広大な水田や農地を潤す。水を巡る景勝地としても知られ、訪れる人が絶えない。元禄期（1688－1703）に第３代肥後藩主・細川綱利が狩りの際訪れて、「当社は、領地養田の源神で水恩広大である」と語ったと伝わる。

近隣には、塩井社水源、川地後（かわじご）水源、寺坂水源、池の川水源、小池水源などの湧水群がある。江戸時代からの湧水の水路が延長数十㎞にわたって村内を流れ、水を守る文化が継承されている。各水源すべてに住民による「水源保存会」が結成され、積極的に活動している。夏祭りがあり、７月25日（近い日曜日）に神輿の御神幸が集落を回る。秋祭りは、10月19日である。

白川水源地の吉見神社（写真提供：南阿蘇村役場産業観光課）

境内

境内の湧水源

毎分 60 トンが湧き出る川の水は飲み水となる

【森の現況】

参道の両脇にはヒノキ、スギが、鳥居付近にはイチョウが植栽されている。川沿いにはエゴノキ、ミズキ、ケヤキなどがみられる。イロハモミジ、シャクナゲなども植栽されている。

阿蘇山を水源とする湧水の場所であり、周辺の状況から、以前はケヤキ、コナラ、アラカシなどが茂る豊かな森であったことが推察される。

水が湧出する池の前のスギは、踏圧防止策として根本の周囲に木板のデッキが設置され、保全されている。

現在､水源地､境内は「白川水源公園管理組合」によって、管理されている。

スギの大木。踏圧防止に木製デッキが設けられている

58 安田(あだ)ヨリアゲ森

★シヌグ（国指定重要無形民俗文化財）

【所在地】沖縄県国頭村字安田
安田は、伊部岳山麓に広がるササ・メーバ・ヤマナスの三つの山に包まれ、集落を回り込むように安田川（上の川・ヒンナ川・幸地川）が流れる。別名ユアギムイ。

【由来及び文化誌】

草木をまとって神となる重要無形民俗文化財「安田のシヌグ」を継承

安田のわらべ歌「いった父や」に「父と兄は、海に魚を捕りに、母と姉は、畑に芋を掘りに」と歌われるように山、里、海の自然環境に恵まれている。

年中行事の時、必ず神人たちの祈りから始まった。その際、「アラハマクヌカミ」と唱えた。

祠の背後の小高い丘の（ウガン山）頂上には、香炉が置かれているという。麓の道路沿いは、ウガンバル（畑）がある。明治45年に照安神社と命名された。

旧暦7月旧盆前の初亥の日に「シヌグ」（凌ぐ／災いを凌ぎ、無病息災と五穀豊穣を祝う意味）がある。隔年開催の大シヌグは、メーバ、ヤマナス、ササの山に男達が登る「ヤマヌブイ」を行い、山や海の神に祈りセジ（霊力）を受けて「一日神」となり、集落に戻り田畑や人々を祓う。その後、「田草取り」、船造りの祈願「ヤーハリコー」がある。翌年の「シヌグンクァ」は、「ヤマシシトエー（猪捕り）」・「ユートエー（魚捕り）」がある。なお、女性たちの円陣舞踊「ウシデーク」は、毎年ある。山・里・海における自然の連続性を劇的に表す祭りともいえよう。

その他の祭祀として、初拝み、4月アブシバレー、5月ウマチー、6月15日ジューシーメー（雑炊米）、7月のシヌグ、11月芋の拝みなどがある。

ウガン山への遥拝所

ヨリアゲ森の全景

【森の現況】

アカギ、リュウキュウガキ、クワノハエノキ、ガジュマル、ミフクラギ、アカテツ、シバキ等が茂る。

戦後、祠の横に慰霊塔が建立された。公園化されて遊具やベンチが置かれている。夏は、木陰が涼しく、地域の人々が集う憩いの場となっている。

安田は、「雨あがる静寂を縫うて声のする　しらしら明くるクイナの郷に」と歌うようにヤンバルクイナの郷として知られている。

海への祈り

山への祈り

船造りと航海安全の祈願
「ヤーハリコー」

59 小玉森（アサギ森〈ムイ〉）

★県指定天然記念物「小玉森の植物群落」

【所在地】沖縄県国頭村比地
比地集落の背後にある標高約40mの小高い丘である。比地大滝のある比地川沿いに位置する。アサギムイとは、神祭りための「アサギ」のある杜のこと。アサギは神祭りを行うための仮設の掘立小屋のことで、近代以降、常設の茅葺小屋となり、幾度か葺き替えられている。

【由来及び文化誌】

航海安全を祈り、厄を払う海神祭

『琉球国由来記』には、「小玉森　神名　アマオレノ御イベ」として紹介されている。小玉森は、神アサギ、各門中の象徴のご神木のアカギの巨木が茂る。かつては、薪〈たきぎ〉・木炭・木材などが重要な産業だった。

４月吉日のアブシバレー、５月15日ウマチー、７月海神祭等がある。

旧暦７月盆の後、亥の日に海神祭（ウンジャミ）があり、縄を船に見立てた航海安全を祈る「船漕ぎ」儀式を行う。女性の神人は、「曲玉買いに大和旅に出る」を謡った後に、もち粉でまぶしたシークヮーサー（魔除けの意味）を皆に投げる。山の神から海の神への贈り物とされる。また、勢頭神の神役の男性は、弓矢でイノシシを射る「猪取り」を真似た儀礼をする。儀式の後、カチャーシの歌舞があり、「今年の海神祭は、そこそこでした。来年の海神祭はさらに盛大でしょう。海神祭になると比地アサギに登って　神遊びを見て三つの厄もはれるだろう」と、海神祭を見ることで災いが晴れると歌う。最後に「鏡地」の浜で、お祓いの意味合いとしてパパイヤにネズミを入れて海に流す。

門中の象徴とされるアカギのご神木

祭りには門中の人々がご神木の下に集う

海神祭の船漕ぎ儀式と餅投げ

【森の現況】

山城・山川・大城・神山の門中の象徴とされるアカギの群落とフクギ、ホルトノキ、ヤブニッケイ、リュウキュウガキ、シロダモ、タブノキ、クスノハカエデ、クロツグの他、カンヒザクラ（別名ヒカンザクラ）、サガリバナ、イジュ等が植えられている。神アサギのすぐ近くに山口神社がある。1月7月の海神祭は、山の神役は山野に自生する蔓草（カニクサ）の冠、海の神役は海藻に似せて漂泊したヒモのような草の冠を、それぞれ被る。

鏡地の浜でのお祓い

猪狩りの儀駕籠を猪に見立てて勢頭神（男の神役）が矢を射る

60 汀間(ティーマ)と御嶽群(うたきぐん)

【所在地】沖縄県名護市汀間
汀間の「ウプウタキ」は、汀間(ていま)川河口の村発祥地と伝える嘉手苅原(ハデールー)にある。拝井泉の泉(イジミ)井戸(ガー)・釣り井戸、汀間漁港がある。

【由来及び文化誌】

漁場であった川の河口近くにある御嶽と龍宮神の祠

漁場であった川の河口近くにある御嶽と龍宮神の祠。『琉球国由来記』には、「スルギバル嶽　神名不伝、小湊嶽　神名ソノモリノ 御イベ」とある。その遥拝所である「ウタキグヮー 」(別名：サンカジュ)の中には、世神・根神・ヌロ火神と神名を刻んだ小さな石が建てられており、多くの祈願はここで行うという。サンカジュの右隣に龍宮神の祠がある。

ヌロ火神は、1957年にウンバハリ(小字名：恩計)から移動した。

昔、河口は山原船(やんばるせん)の寄港地だった。山原船とは、木材や竹、炭などを山原(沖縄本島北部地方)から那覇や与那原へ運び、帰りに日常品や雑貨類を那覇や与那原から積み帰った沖縄独特の交易用の小型の帆船のことである。

琉歌「だんじゅ豊まりる　汀間ぬ神アサギ　うりが下をとてぃ　魚ぬ遊ぶ」(大意;世間に美しいと評判の汀間の神アサギ、海に面したすぐ下で魚が群れて泳いでいるよ)。

ウブウタキの拝殿とイビ

汀間河口のウブウタキ

イビ（御嶽の中心である拝所）

御嶽に広がる海と汀間川口

【森の現況】

『名護市の御嶽』(1978年)に記載されているリュウキュウマツは見られない。遷移が進行して現在はスダジイ(イタジイ)、ホルトノキ、イジュが優占する。その他、ヤンバルアワブキ、クスノハカエデ、クロツグ、ハマビワ、オオバルリミノキ、リュウキュウガキ、トウツルモドキ、アカテツ、リュウキュウハリギリ，モクタチバナ，フクギ、ハスノハギリ等が茂る。

川沿い北辺のマングローブ林が広がる。

公民館前のサンカジュには、フクギ、クワノハエノキ、ハスノハギリなどがあるが、後継樹が少なく、持続的保全が課題と考えられる。

2015年、汀間川の内側に嘉手苅遊歩道が作られ、散策路に花が植栽された。

神アサギ「サンカジュ拝所」

61 仲尾次上グスク

【所在地】沖縄県名護市仲尾次
仲尾次は羽地地区の中央に立地し，17世紀中頃までは「中城」と呼ばれていた。仲尾次上グスクにイビの祠がある。旧羽地村仲尾次集落の後方に広がる山地の凹地形に立地する。

【由来及び文化誌】

かつての集落跡と伝わる地に

『琉球国由来記』(1713年)に、「仲尾次之獄　神名コガネモリノ御イベ」とある。

仲尾次発祥の聖地上グスク・ナカグシクは、羽地大川の河口を越えた羽地中学校北側後に位置する小高い山に位置。かつての集落の跡と伝わる。カミガーという拝井泉が、移動前の故地と伝承される。

『仲尾次誌』(1989年)に、明治34～36年、古波津平吉という人がこの地を開拓しようとすると、なぜ、勝手に神域を耕すのか」と叱りを受けた。そして、元の拝所に復元したと伝わる。

旧４月のアブシバレーは、御嶽の周りの草刈りとお祓いを兼ね、海で虫送りが行われる。５月稲穂祭(ウマチー)、旧暦９月６日から10日の豊年祭がある。

集落の中に年中、湧水が豊かな親川と平成16年(2004)伊波氏の寄付によって建てられた三拝所がある。

祭祀の中心となる神人で女子によって代々継がれる「根神屋」、男子によって継がれる村の御嶽を守り、祭祀諸事を司る「大親屋」、神人全員が集い祈願する「神アシャギ(阿謝儀)」があり、祭祀と伝統芸能が行われる。

仲尾次上グスク・ナカグシクは、年１回12月24日に拝みがある。戦後、仲尾次上グスクを守るため、周囲1500坪余りを購入して守ったという。

上グスク

【森の現況】

『名護市の御嶽』(1978年)にリュウキュウマツ林が記載されているが、現在は見られない。

スダジイ(イタジイ)林が広がる御嶽林の左方(北東側)にソウシジュなど植栽林が目立つ。クロツグ、オオバギ、リュウキュウガキ、クスノハガシワ、シマタゴ、ハゼノキ、リュウキュウハリギリ、ショウベンノキ、ホソバムクイヌビワ、シマミサオノキ、アオノクマタケランなどがみられる。

全景

中グシクの祠

阿謝儀の前で豊年祭の豊年踊り(写真提供：平良徹也氏)

豊年祭における長者の大主一行

62 屋我地島(饒平名干潟マングローブ林)　★国指定特別保護地区

【所在地】沖縄県名護市屋我饒平名
屋我地干潟は屋我地島の南側、羽地内海を望む饒平名集落前に広がり、ヒルギ林の中に地下水脈・湧き水が流れる。

【由来及び文化誌】

マングローブが広がる干潟はかつての豊かな漁場で行われる海神祭と浜下り

屋我地島では、陸と海が一体となった「山がクエリバ、海もクエン」(山が肥えれば、海も肥える)という言葉がある。陸が青々とする頃は、海もモズク、エビ、カニ・ハマグリ等が多く採れたという。

済井出区では旧暦3月3日大漁祈願の海神祭と浜下り(ハマウリー)があり、女性たちは御馳走を持ってこの浜に下りて身を清めて、貝やカニなどを獲って楽しんだという。近年、雨が降ると農地から赤土が海岸に流れ出て、魚や貝はほとんど見られないという。

平成28年(2016)4月1日から小学校・中学校一貫の「屋我地ひるぎ学園」が誕生し、マングローブを活かした課外授業などが行われている。屋我地中学校の「校歌」では、「緑の島に青の海陽光映ゆる長崎原ヒルギの庭になごやかに屋我地中学校 栄え建つ……」と唄われる。

マングローブは、生徒たちの課外授業やエコツーリズム、干潟は海の恵みを捕るなど、さまざまな営みがある。

オヒルギが広がる屋我地マングローブ

海岸にヒルギダマシが広がっている

坂口総一郎『沖縄の寫眞帖』（1925 年）より
（資料提供：国立国会図書館）

オヒルギの花

【森の現況】

オヒルギの優占林の他、ヤエヤマヒルギ、メヒルギ、2000年前後からヒルギダマシが広がっている。

オヒルギは、「膝根（しっこん）」（膝（ひざ）のような根）が特徴である。坂口総一郎（1925年）は、屋我地島のオヒルギの純林を日本一といい、その気根は、「膝を曲げた如く」と記した。

新聞等によると、当地に1993～2000年頃、沖縄本島に自生しない外来種「ヒルギダマシ」が植栽された。長年、当地の調査を行っている新垣裕治等の論文（名桜大学総合研究（25）2016年）では、「饒平名干潟に本来ない外来種ヒルギダマシ（Avicennia marina）の急増は当生態系にとって好ましくない」、「ヒルギダマシ林内の低質が軟弱化する傾向」と問題点が指摘された。漫湖は、メヒルギの伐採が行われているが、今後、外来種のヒルギダマシの問題は、大きな課題と考えられる。

また、土地改良以後、赤土が海に流れ込む問題がある。

干潟には、シギ、チドリ類の渡り鳥が訪れ、夏は、ベニアジサシ、エリグロアジサシ等が繁殖する。

63 漢那(かんな)ヨリアゲの森　ヒージャーガ

【所在地】沖縄県国頭郡宜野座村漢那
漢那の集落の東にある丘陵地である。

【由来及び文化誌】

若返りの水として親しまれる「若水の神」

『琉球国由来記』には、「ヨリアゲ森　神名カワヅカサノ御イベ」とある。

漢那の集落東側の小高い石灰岩の丘陵地は、「長寿の森」とされる。麓から若返りの水として親しまれて「若水の神」の拝所がある。付近一帯は、親水公園として整備されて、大きな池があり、散策などが楽しめる地域の憩いの場所となっている。

樋川川(ヒージャーガー)は、樋で導水される井泉のこと。沖縄方言では、河川はカーラで川良(カーラ)の文字を当てている。川(カー、ガー)は井戸や泉のことである。因みに泉は単に(イジュン)という場合もある。ヒージャーガは、古くから聖なる水でありながら、飲料水や豆腐作りなど、生活に欠かせない水として利用された。昭和13年(1938)、中流に貯水地が造成され、宜野座(ぎのざ)村初の水道が造られた。地域の人によると、かつては水が落ちる所が深い池となって、ウナギなどの魚が捕れたという。

祭祀のヒージャーガ拝みは、旧暦３月、５月、７月にある。

ヨリアゲの森の全景

ヒージャーガ

【森の現況】

アマミアラカシ群落の他、アコウ、ツゲモドキ、クスノハカエデ、クロヨナ、クスノハガシワ、リュウキュウガキ、アカテツ、ホルトノキ、タブノキ、フカノキ、ヤブニッケイ、クロツグなどが生育する。

水の神を祀る拝所と香炉

64 ムロキノ嶽

【所在地】沖縄県中頭郡嘉手納町屋良
比謝川渓谷の崖下・ムルチの川べりには祭壇や香炉が設えられ、水面に向かって祈るような形になっている。

【由来及び文化誌】

池に棲む大蛇が人身御供を求めた伝説を持つ

『琉球国由来記』に、「北谷間切　屋良村　ムロキノ嶽　神名アキミウハリミウノ御イベ」とある。

ムルチは「茂呂奇」または「漏池」の文字が時に当てられる。昔、ムルチ川(現在は比謝(ひじゃ)川)の中流の谷筋の深い淀みには、かつて大蛇が棲み、時に付近の村へ人身御供を求め、かなわないと大水害を起こして人々を苦しめた。その大蛇を鎮めるために、屋良村の一少女が母親や村人のためにと身を捧げることを申し出て、ムルチの生贄になろうとした瞬間、孝行娘に感応した観音仏が護法の宝珠を発して、大蛇を征伐し、少女を救ったという。

これを王府から褒章(ほうしょう)されるまでが玉城朝薫(たまぐすくちょうくん)の組踊(くみおどり)「孝行之巻」に描かれている。王府はこのムルチで雨乞いの儀礼を行なったが、首里の王府から遠隔の地にあり、役人の派遣は困難だとして、儀礼執行を屋良村に託し、その見返りにムルチから河口までの「水利権」を屋良村に与え、昭和の初期までは川漁も盛んであったという。

現在、旧暦４月14日屋良区では、「ムルチ御願」を行う。水神への感謝などの祈願が行われ、池面の三方に向かって鶏卵が１個ずつ投げ込まれるが、これはかつての人身御供からの変化を反映したものだという。

比謝川渓谷の崖下

【森の現況】

シマグワやオオイヌビワ、イヌビワ、タブノキ、クスノキ、ショウベンノキ(小便の木)、シマグワ(島桑)、ニガタケ(苦竹)、モクマオウ(木麻黄)、ホルトノキ、マーニ(黒ツグ)、センネンボク(千年木)、ゴムの木、ゲットウ、カキ等がみられる。

屋良ムルチは比謝川渓谷の崖下に設えられた拝壇とムルチの池とからなる特殊な拝所で、比謝川渓谷の崖沿いはサンゴ石灰岩地帯特有の自然植生が戦後回復して繁茂しているが、ムルチの拝壇付近は植栽された樹種が、繁茂する。

戦火によって焼き尽くされた植生を、成長の早い樹種によって聖地の雰囲気を早く取り戻すため、植栽されたと考えられるが、現在は、御嶽林の雰囲気を漂わせている。

香炉と神名を刻んだ祭壇

旧暦4月14日、「ムルチ御願」には、
池の三方へ卵を投げ入れ水神へ感謝

屋良区のガイドマップで紹介されている屋良ムルチと拝壇の図

65 受水・走水

★南城市指定史跡

【所在地】沖縄県南城市玉城字百名
百名海岸沿い、琉球石灰岩の岩山の麓にある２つの泉で、西側が受水、東側が走水である。

【由来及び文化誌】

海の彼方からの稲作伝来を歌い豊作祈願

『琉球国由来記』には、「浜川ウケミゾハリ水　神名　ホリスマスミカキ君ガ御水御イベ」、「昔阿摩美久、ギライ・カナイヨリ稲種子持来、知念大川・玉城親田・高マシノシカマノ田ニ、稲植始也。此田之始也」とある。

琉球開闢の神・阿摩美久が海の彼方のニライ・カナイから稲の種子を持って来て、知念大川、玉城親田、高マシノシカマノ田に植えたとされる。また、伝説に、ツルが中国から稲穂をくわえて新原村の「カラウカハ」に到るも落ちて死んだ。その稲穂から発芽した稲が、受水が流れる御穂田・走水の親田に移植されたという。

字百名では、１月２日初牛。字仲村渠では、旧１月初午の日「親田御願」を行う。拝所の「米地」→「受水→走水」を順に拝み、親田で稲苗を植え、植えつけの終了後、近くの「祝毛」で、稲の伝来と稲作の行程などを詠んだ「天親田のクエーナ」を歌って豊作を祈願する。

水田における象徴的稲作を、走水の親田→字仲村渠、受水→御穂田（字百名、安里家）で行う。東御廻い拝所として、年中参拝者が絶えない聖地でもある。

アカギが茂る全景

年中水が流れる受水

親田御願での受水への祈り（写真提供：南城市教育委員会）

仲村渠区の田植神事（写真提供：南城市教育委員会）

【森の現況】

アカギの巨木が5本生育している。その他、クスノハガシワ、リュウキュウガキ、ヤンバルアカメガシワ、クロヨナ、タブノキ、ハマイヌビワ、オオバギ、センダン、タイワンウオクサギ等がみられ、モクタチバナ、クスノハガシワが優占する。

「天親田のクエーナ」
1. 阿摩美津が始みぬ　2. 浦田原巡ぐやい（点検して廻って）3. 泉口悟やい（泉口の水量を確認して）……24. 四月になりば　25. しだら南風ん吹い（南風が吹いてくる）26. 五月になりば　27. 繁々とぅ盛い上てぃ（繁々と稲が茂ってくる）……30. 南（ふえ）ぬ風吹きぱ　31. 北（にし）ぬあんだ枕　32. 六月がなりば　33. 大鎌（うふいらな）うたさに（大鎌を鍛冶屋で打ってもらい）34. しかまん人傭（ちゅやとう）てぃ（稲刈りの手伝いを雇って）……46. あしゃぎぬ端（はぢ）までぃ積ん余ち（神屋の端まで稲穂を積んで）『天親田のクウェーナ』（『ミントン』1990年、玉城村字仲村渠発行）

66 浜川御嶽（はまがわうたき）

【所在地】沖縄県南城市玉城百名707
受水・走水から東側に約350mほど離れた石灰岩段丘下斜面に位置し、年中湧き水が絶えない。向かいに潮花司がある。すぐ前に、百名海岸が広がり、ヤハラツカサの石碑がある。

【由来及び文化誌】

琉球創成の神が降り立ち、仮住まいをした地

『琉球国由来記』には「神名ヤハラツカサ潮バナツカサノ御イベ」とある。『中山世鑑（ちゅうざんせいかん）』によれば、琉球創世の神・阿摩美久（アマミキヨ）がヤハラヅカサに降り立った後、仮住まいをした地とされる。石灰岩の森から流れる清らかな水で阿摩美久は、疲れを癒し、近くの洞窟に仮住まいののち、ミントングスクに移り住んだと伝わる。

首里城の東方にある聖地を巡拝する東御廻り（アガリウマーイ）で訪れる拝所の一つ。琉球国王や聞得大君（きこえのおおきみ）（琉球神道の最高神女）もこの地を訪れて祈願したと伝わる。

『おもろさうし』（1531～1623年）の18-1258に、「百名浦白（ひゃくなうらしろ）　吹けば／うらうらと　若君（わかきみ）　使い／又我が浦は　浦白（うらしろ）　吹けば／又手数（てかず）は　蒲葵花（こば）　咲き清ら／又掻ひやるは　波花　咲き清ら」（百名は我が浦は、白南風が吹くと穏やかになるよ。若君神女を和やかにお招きしよう。お迎えの船は、漕ぐことは蒲葵の花が咲くように波が動いて美しい。掻きやるごとに波の花が咲いて美しい）とある。

字百名と字新原の１月２日の初ウビー、地元玉城の各門中の正月の浜川拝み、８月の東御廻りなどがある。字百名の３月３日浜下りは、ヤハラヅカサ→浜川御嶽→潮花之司御嶽、巡拝ののち、チチ石庭でチチ石を差し上げたり、百名棒の演舞等がある。

御嶽の全景

百名区の旧３月３日浜下り

【森の現況】

祠の周囲にアコウ、ギョボク、タイワンウオクサギ、ハマイヌビワ、テリハノブドウ、ヤンバルアカメガシワ、ヤブニッケイ、モクタチバナ、クスノハガシワ、タブノキ等がみられる。近年は、近隣の開発等で、湧水量に変化があるという。

ヤハラツカサの石碑　百名区の旧３月３日浜下り
この石は、海の彼方のニライカナイからやってきた阿摩美久が上陸した場所と伝わる。一説には舟の縄を結んだ石

百名区の旧３月３日浜下り（写真提供：南城市教育委員会）

なかなか上がらないチチ石（力石）

67 仲山御嶽（なかやまうたき）・佐久伊御嶽（さくいうたき）

【所在地】沖縄県八重山郡竹富町小浜
小浜集落の北西に二つの御嶽が合祀されている。

【由来及び文化誌】

隣の島の浜から持ってくる「かいまねがい石」を供える

『琉球国由来記』には、「仲山御嶽　神名同上」、「御イベ名　モモキヤネ　サクヒ御嶽　神名　サクヒ神花　御イベ名　マカコ　大アルジ」とある。

仲山御嶽は水源の御嶽として信仰される。大岳の神（男神）の伝承がある。大岳から流れる小川が御嶽の前を流れて、その水は下流の田畑を潤す。

佐久伊御嶽は、『小浜島誌』によると1751年、小浜島の北東にある嘉弥真島（かやま）の嘉弥真御嶽が遷されて、佐久伊御嶽として祀られたとされる。４年に一度の神年、氏子たちが嘉弥真島に渡って祭祀を行い、帰りに同島の浜から持ってくる「かいまねがい石」がイビの前に供えられている。

祭祀は、旧暦正月初願い、２月崇ビ、３月草葉願い、５月大願い、６月豊年祭、結願祭、８月初願い、種子取祭、10月崇ビ、12月苗の願いなど。旧暦２月と10月タカビの時、神司は右手に持った「アキチャン」（モクタチバナ）の枝に村中のユートゥー（禍・悪霊・疫病）をからめとり、海に背を向けて「ユートゥパーレアンガリパーレ（禍々（まがまが）しきものよ去れ！　天高く去れ！）」と唱えて、海へと返す。

鳥居のある御嶽の入口

拝殿からイビを望む

【森の現況】

イビの奥には、フクギの巨木とタブノキが茂る。

鳥居周辺には、ヤエヤマクマガイソウが自生する。

拝殿周辺には、フクギ、イヌマキ、モモタマナ、リュウキュウコクタン、アカテツ、モクタチバナ、リュウキュウキョウガキ、ヤエヤマヤシなどがみられる。

イビの奥に「かいまねがい石」が供えられている

大岳から流れるせせらぎの水

海でのお祓い。アキチャン（モクタチバナ）に村中のユートゥ（禍）を束ねて海に返す（写真提供：大嵩洋明氏）

68 前泊御嶽（マイドゥマリウガン）

★節祭（国指定重要無形民俗文化財）

【所在地】沖縄県八重山郡竹富町字西表
西表島の祖納（そない）集落の西方海岸沿い前泊浜に面した場所にある。前方の海はマルマ盆山を望む。通称：コクウガン。

【由来及び文化誌】

海岸に舟を漕ぎ出して行われる五穀豊穣祈願

『琉球国由来記』には、「前泊御嶽　神名　嶽名同　御イベ名　イヘシヤ小アシシャ慶田城村　由来不相知」とある。五穀の豊作を祈るお宮とされて、慶田城（ケダグスク）御嶽と深い関わりがある。

旧暦8月己（つちのと）吉日の節祭には、世乞（ユークイ）行事が船元（フナムトゥ）で挙行され、前泊浜（まえどまりはま）で2隻の「舟浮かべの儀式」があり、五穀豊穣の神・ミリク世を満載して舟を漕ぐ。大平井戸にて、水恩感謝の儀礼が行われる。

初祈願、4月に世願い、山留め・海留め、5月にシコマ祝い（稲の初穂刈りを御嶽に供える）などがある。旧暦6月の豊年祭は、豊作の感謝と来夏の豊穣を祈願する。稲わらを頭と腰に巻き、神司を先頭に大綱引きと、「仲良田節」に合わせた踊りが行われる。その後、盛大な綱引きがある。「仲良田節」は、次のように歌う。

一、仲良田ぬ米やヨー　離頂（パナリ）粟んヨー　二、粒調びみりばヨー　ミリク世果報ヨー　三、泡盛ん生らしヨー　御神酒ん造てぃヨー　四、わした乙女ぬヨー　造てぃある御酒ヨー……八、心安々とぅヨー　あがてぃシディシディらヨー　九、遊び西表ぬヨー　ふくい村でむぬヨー

イビ

穀御嶽の拝殿

節祭

【森の現況】

クバ（ビロウ）の群落、ハスノハギリ、フクキ、アダン、テリハボク、オオハマボウ、アカギ等。かつては、ビロウの茎で鳥居を建てたという。イビの奥の丘は、神司以外は禁域で、豊かな植生を保っていると考えられる。

坂口総一郎は『沖縄写真帳』（1925年）の中で、「昔から沖縄では森林を崇拝する美風がある。称して御嶽（ウガン）と言う」、「総ての点によく整った御嶽で、堂こそ小さいが鬱々たる森林に囲まれ、言ひ知れぬ神々しさを覚える。背後に立つクバはありし昔を語り顔である」と記しているが、神々しい雰囲気は変わらない。

節祭

拝殿の中

69 名蔵アンパル

★国指定の鳥獣保護区、ラムサール条約登録地

【所在地】沖縄県石垣市名蔵
於茂登岳・ぶざま岳・嵩田山を水源とする名蔵川とバンナ岳・前勢岳を水源とする水が集まる面積約24㎢の湿地。名蔵川河口マングローブ林一帯を「網張る」と呼ぶ。

【由来及び文化誌】

民謡にも歌われ親しまれた豊かな漁場

名蔵川は、『八重山島由来記』に「名蔵大川、長石崎より種子底迄江拾壱町五拾間……末ハ潟」と記されて、支流の白水川は石垣市上水道の水源である。名蔵アンパルは、古くから石垣の人々に民謡等で歌われて親しまれた。「網を張る」という地名の由来のように豊かな漁場で地域の人々の日々の生活を支える場所でもあった。民謡「あんぱるぬみだがーまゆんた」で歌われるように多様な生き物がいる。

一、アンパルヌ　みだが(日高蟹)までんどー……二、すーやぴしや(干潮時には)しむぬやーかい(下の家に)　三、すーぬんちゃーういぬやーかい(潮が満てば　上の家に)

『八重山生活誌』では、旧暦３月３日は、サニジィといい女性や子供たちが干潟でカニや貝(イシナ、赤貝、シジミ貝など)、モズクなどを捕る「浜下り」の習わしがあると記されている。

平成21年(2009)３月に「アンパルの自然を守る会」が発足し、子供たちの環境保全教育や地域の人々とともにマングローブの持続的保全に取り組んでいる。

名蔵アンパル

名蔵アンパルから眺めた於茂登岳（写真提供：島村賢正氏）

名蔵川河口海側から於茂登岳を望む（写真提供：島村賢正氏）

オヒルギ胎生種子
親木（親樹ともいう）に付いたまま発芽して伸長した種子

【森の現況】

最も多い分布はオヒルギ、ヤエヤマヒルギの他、ヒルギモドキ、マヤプシキ、ヒルギダマシ等で、ノコギリガザミ、シレナシジミ、カニ類、エビ、ミナミトビハゼ（跳鯊・トントンミー）等、魚介類、水鳥のシギ、チドリ、サギなどの渡りの越冬地として、多様な生き物が棲息する。

３月～６月はモズク（藻付く）が採れ、秋から冬は、ウムズナー（アナダコの一種）というタコが捕れる。

近年、後背湿地の陸地化の進行で、陸生のイボタクサギが繁茂し、（環境省レッドリストで絶滅危惧ＩＢ類（EN）の）ミミモチシダが枯れた。浦田原排水路の建設後、赤土の流入・堆積によるマングローブ林の急激な拡大が見られたという。モクマオウは、近年倒木が多く伐採を進めている。

70 仲間川マングローブ林

【所在地】沖縄県八重山郡竹富町字南風見
仲間山を水源とする仲間川に形成された全長12㎞のマングローブ林。上流の展望台から大富と大原集落と畑の見事な風景が広がる。仲間川は一度も護岸工事が行われておらず、日本一の規模を誇る。

【由来及び文化誌】

日本一の規模を誇るマングローブ林

大谷用次作詞の大富音頭は「ハー緑は深き　八重嵩の　夜明の空は　爽やかに　世界報の村に陽が昇る　我等の村は大富よ　清き流れの仲間川　ヒルギ林で名は高し　歴史は古き開拓の　子孫に残すこの魂　肥沃の土地は限りなくパインの香り村包み　掛声つきぬ若人の　積み出すキビも　黄金山……繁昌何時までも」と歌う。

かつて坂口総一郎は『沖縄写真帖』(1925)で、「仲間川は、紅樹林植物園の如き観ある……」、「詩人も墨客も、画家も、さては生物学者、一度は西表に紅樹林を訪ね、自然界の妙諦を味ってもらいたい」と記した。

仲間川の河口周辺は、マングローブ林の背後に田畑が作られ、大富と大原集落が広がる。

仲間川のマングローブ林では、保全と利用の観光も自主的なルールとして遊覧船は速度20ノットで徐行する。普段は、エコツーリズム、台風や津波の際は、防災林として大きな役割を担う。西表島の大原中学校の三大行事「仲間川いかだ下り」が、林野庁沖縄森林管理署と西表森林生態系保全センターの協力のもとで行われている。

仲間川マングローブ

中流のオヒルギ林

大原中学校生徒によるいかだ下り（写真提供：山城まゆみさん）

サキシマスオウノキの板根は、重硬なため
かつては船の舵として利用された

【森の現況】

オヒルギ、ヤエヤマヒルギの他、ヒルギダマシ、ヒルギモドキ、マヤブシキ、メヒルギが生育している。中流から上流にかけてはオヒルギが多い。

マングローブを人生行路のように謡った「大川原ヌピンニキ（紅樹林）」がある。

1．大川原ヌピンニ木（紅樹林）
ヌピンニ木　生イヤ（茂りは）
ミナト（湊）ゥバタ　生イヤ　ヤラザパタ生イサ（泥に茂る）
2．ウルジィンヌナルダ（陽春になったので）　若夏ヌイキユダ（若夏がきたので）
花ユ花サチュサ　実リユナリィナリユサ（枝毎に花が咲いて、枝毎に実が結んで）
3．パイ風ヌウシュダ（南風が吹いて）　ブナバイヌ（盆南風）　ウシュダ
花ユ花サチュサ　実リユナリィナリユサ
4．ピシィスーニイディユタ　ピシィーニサンガレ（干潮の流れに流され）
ユナラクシ出ディユタ　ナンヌバダムマレ（ユナラ海峡を越して海へ漂った）
ナンヌバダムマレ　（逆巻く波に揉まれてしまった）
5．サイナマニムマシ　（波に揉み巻かれ）
ンチィスーヌ入ルダラ（満潮の潮が流れてきたので）
ンチィスーニサンガレ（満潮時に引き入られた）
ユヌンナトゥ入リナギ（本の湊に入り込んだ）

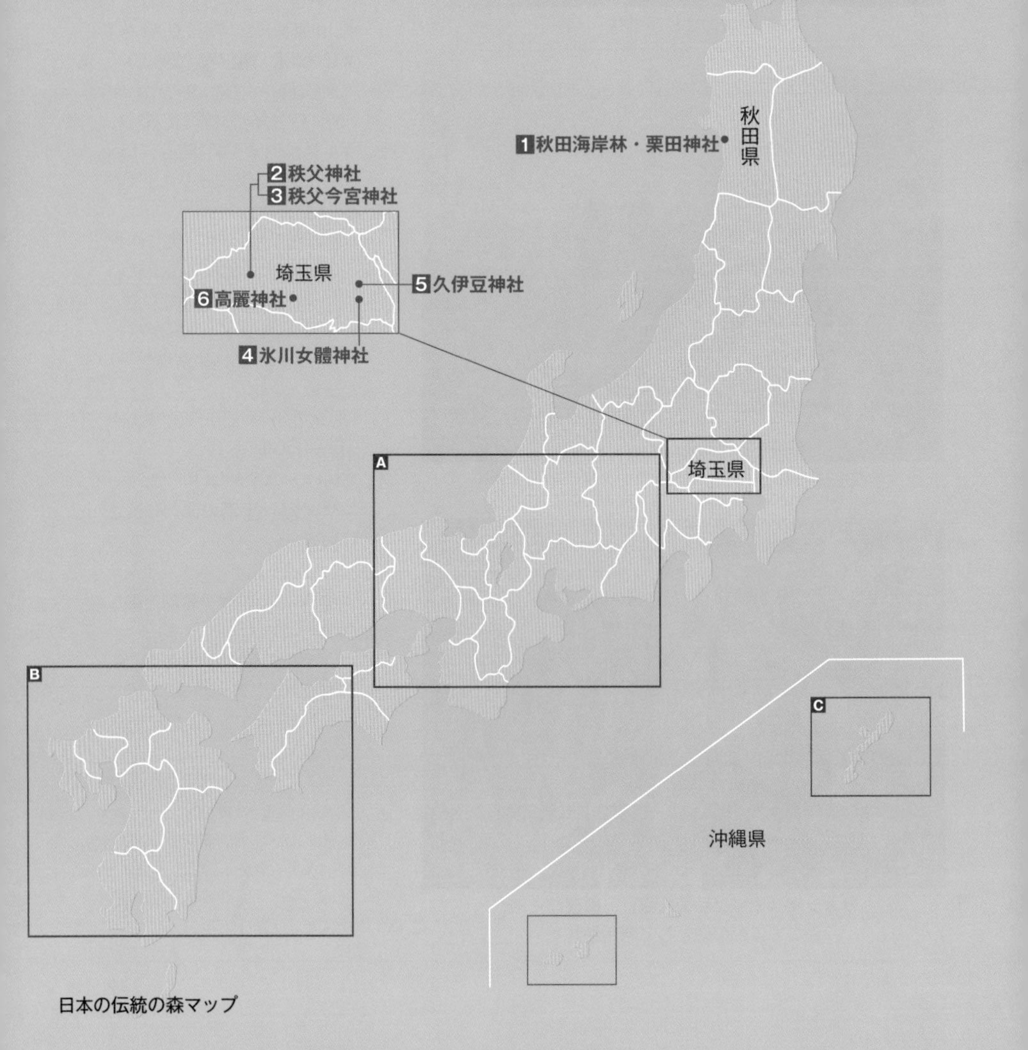
N
秋田県
1 秋田海岸林・栗田神社
2 秩父神社
3 秩父今宮神社
埼玉県
5 久伊豆神社
6 高麗神社
4 氷川女體神社
埼玉県
A
B
C
沖縄県

日本の伝統の森マップ

A
7貴船神社
石川県
福井県
12日吉神社
8気比の松原
9都久夫須麻神社（竹生島神社）
10阿志都弥神社・行過天満宮
14大表神社
11水尾神社
15芳州神社
岐阜県
長野県
26天橋立・天橋立神社
16天神社
取県
兵庫県
京都府
13白鬚神社
20兵主大社
25日吉大社
21新川神社
滋賀県
27貴船神社
17奥石神社
28上賀茂神社
18河桁御河辺神社
33木島坐天照御魂神社（蚕の社）
23苗村神社
22鏡神社
愛知県
静岡県
31松尾大社
19御上神社
32神泉苑
24印岐志呂神社
30八坂神社
29下鴨神社
大阪府
34夜支布山口神社
36広瀬大社
37大和神社
35飛鳥坐神社
奈良県
三重県
38玉津島神社・塩釜神社
県
和歌山
島県
B
42志賀海神社
44生の松原・壱岐神社
51伏見神社
46高祖神社
48宇美八幡宮
47香春神社
40鏡神社
福岡県
愛媛県
高知県
41虹の松原
49鮭神社
43春日神社
佐賀県
45高良大社
50裂田神社・裂田溝
大分県
39與止日女神社
長崎県
56高千穂神社
57白川吉見神社（白川水源地）
55荒立神社
熊本県
宮崎県
54比木神社
53水沼神社（湖水ケ池）
鹿児島県
52青島神社（鴨就宮）

C

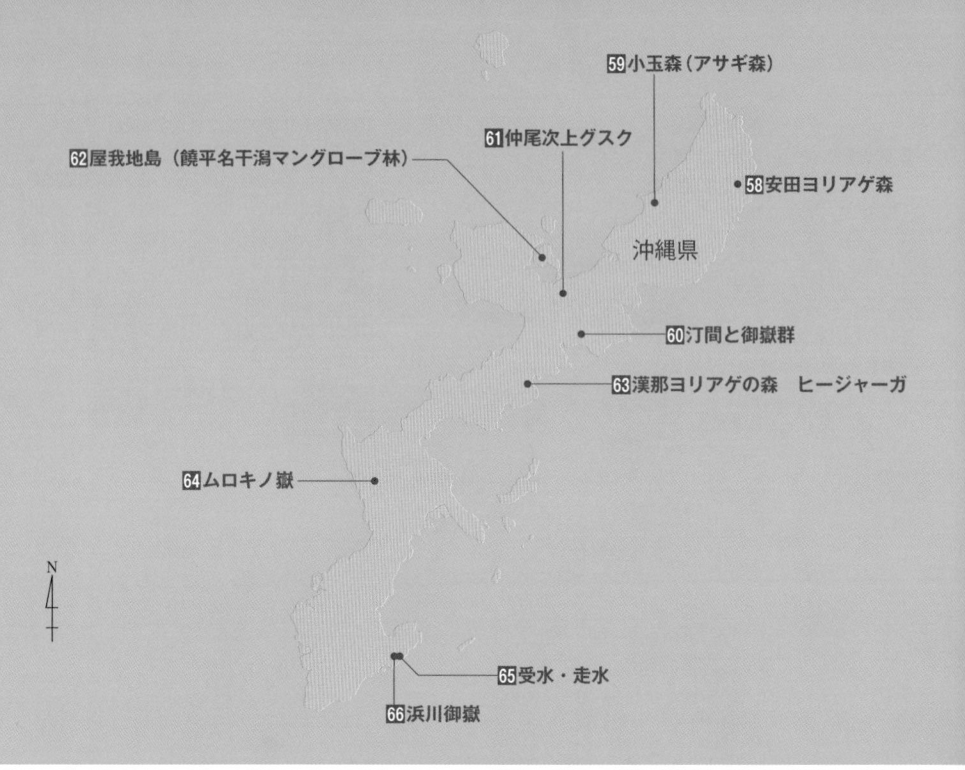
59小玉森（アサギ森）
61仲尾次上グスク
62屋我地島（饒平名干潟マングローブ林）
58安田ヨリアゲ森
沖縄県
60汀間と御嶽群
63漢那ヨリアゲの森　ヒージャーガ
64ムロキノ嶽
N
65受水・走水
66浜川御嶽

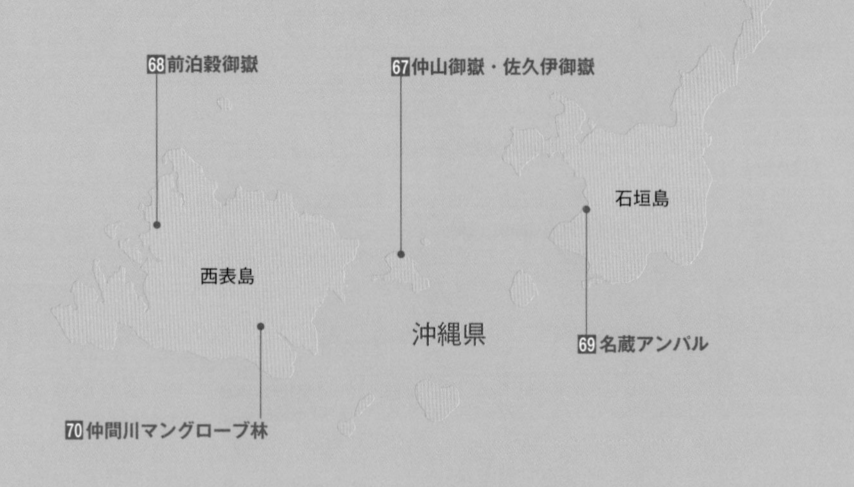
68前泊穀御嶽
67仲山御嶽・佐久伊御嶽
石垣島
西表島
沖縄県
69名蔵アンパル
70仲間川マングローブ林

韓国の伝統の森めぐり 20撰

1 河回村・万松亭（マンソンジョン）

만송정

★万松亭（天然記念物473号：2006年指定）
河回集落はユネスコ世界遺産

【所在地】慶尚北道安東市豊川面河回村
河回村の名は、洛東江支流の花川がＳ字型に村を囲んで流れることに由来。集落の後ろに花山（327m）がある。

【由来及び文化誌】

川に囲まれた村を守る数千本の松林

河回村は、柳雲龍の著書『謙菴集』の「天灯山記」に記されたように、豊山柳氏が600年余り代々暮らす集落。洛東江がＳ字形に村を囲むように流れ、人が住むのに理想の場所とされる。風水地理学的に「太極形・蓮花浮水形」とされる。万松亭松林は、柳成龍の兄の柳雲龍が風水のため、マツ１万株を植えた。人材育成や儒学者として精神を高める場所として「謙菴亭」を建てたと伝える。

柳雲龍の『謙菴先生文集』巻一「詠松亭」には、「万松曽手植。歳久鬱成林。夜静寒声遠。江空翠影沈。自多閒意味。贏得好光陰。散歩乗涼処。炎雰不許侵」と記された。李象靖『大山集』「謙巌精舎記」（1757）には「与夫桃花遷万松洲諸勝。皆霊真絶特。望若神仙異境。而惟斯亭為尤美。夫以河回」と詠まれたように、同地は「万松洲」と記された。

集落の中に、入郷祖である典書公「柳従恵」が植えたと伝えるケヤキの巨木のご神木があり、「三神堂」（下堂）と呼称する。三神堂は、花山の上堂（城隍堂）・中堂・下堂の三つの堂である。

旧暦７月16日万松亭と川岸を結ぶ「船遊（줄불）」が知られている。かつて、船の上で詩を詠む「船遊詩会」があった。旧暦１月15日夜に上堂・中堂で祭祀を行い、翌日下堂のケヤキで祭祀を行う。河回別神ノリ（仮面）が始まる。

謙菴亭全景

【森の現況】

面積47万6430㎡にクロマツ（黒松）・アカマツ（赤松）が数千本ある。1828年に描かれた古図を見ると、集落の周囲を囲むように松が描かれている。花川の水害防止や飛砂防止の防災のために植えられたとも考えられる。

森の中にある石碑（1983年建）によると、かつて洪水があり、現在の松林は1906年に再び植えられたという。風水・防砂・洪水防止林の役割として植えられたと考えられる。河沿いには広葉樹林が植栽されている。持続的保全のため、自然更新の後継樹が育つように腐葉土を避けて、林内の一定の空間を人々の利用を制限して、保全する必要がある。

松林は地域の憩いの場

入郷祖・典書公「柳従恵」が植えたと伝える
ケヤキのご神木「三神堂・下堂」

万松亭

河回村屏風図（1828年）

2 越松亭松林（ウォルソンジョン）
월송정

★「關東八景」の一つ

【所在地】 慶尚北道蔚珍郡平海邑平海里928-11

「越松亭」は、「関東八景」の一つで、月松一里海沿いに広がる黒松林の名称である。軍舞峰があり、黃堡川の下流が東海（日本海）に流れ、南側は、南山と南山里。

【由来及び文化誌】

仙人が遊覧したと伝わる数千株の松林

新羅時代から仙人が松林を遊覧したと伝える「越松亭」は、多くの文献に登場する。

稼亭・李穀『稼亭集』第５巻「東遊記」至正９年（1349年忠正王）に、「有松万株。其中有亭曰越松。四仙之遊偶過於此。故名焉。」と記された。また、安軸『謹斎集』第１巻（1312年）に「遊仙槎郡蔚珍遊覧……南白沙平堤。有稚松数千余株……有邑人之訪余者。則必問松之平安否也」、『新増東国輿地勝覧』第45巻に「超松亭……蒼松万株白沙如雪松間　螻螘不行鳥不棲該伝新羅仙人述郎等遊」等と記した。

「越松亭」の名は、当地に住んだ李山海（1538～1609）が『渓遺稿』「越松亭記」に、「飛仙越松」と記したことに由来する。「神仙が飛んで来るほどの美しい松林で、海岸沿いに高くそびえた松が密集して空が見えない。その数、何万株か知らず……松の下に銀砂は玉粉のようで……草などは根を下ろせず、時にツツジが砂場の横に育つが、枝が短く、土に出てはすぐ萎む」と記された。洞祭は、旧暦１月15日越松亭の前で、祭礼と月迎えを行う。

越松亭全景

越松亭から海を望む

越松亭

松林の中の歩道

【森の現況】

越松亭は、叢石亭、三日浦、清澗亭、洛山寺、鏡浦臺、竹西楼、望洋亭とともに「関東八景図」の一つで、海沿いに広がる黒松林である。1700 ～ 1850年頃の真景山水画として知られる謙斎・鄭敾（1676 ～ 1759年）の「越松亭図」には、越松亭と松林が写実的に描かれている。

「越松亭」は、防砂林としての役割を果たしている。『朝鮮の林藪』（1938年）に、飛砂の防風林として、麦、栗、米などの収穫について記述されている。

3 五里長林（オリザンリム）

★天然記念物404号

오리장림

【所在地】慶尚北道永川市華北面慈川里1142

永川の鎮山・寶賢山（보현산　1124m）から流れる慈川沿いに形成されている。「慈川森」ともいう森は、一部は、道路で分断されている。すぐ傍に慈川中学校が位置する。

【由来及び文化誌】

洪水被害を防ぐため植林された2㎞にわたる森

五里長林と呼称するように、慈川沿いに２㎞に及ぶ森である。約400年前、風水の裨補藪として作られたと伝える。洪水の被害を植林することで防ごうと作られたと考えられる。夏になると集落の前を流れる冷たい川と涼しい森は集落の人々の憩いの場所である。森の中に祭壇がある。

旧暦１月14日に夜祭祀を行い、翌日１月15日に地神祭を行う。春、森の木々が茂ると豊作になると伝わる。

慈川沿いにある五里長林（華北面HPより）

五里長林の中の祭壇

【森の現況】

面積は6600㎡。アベマキ(굴참나무)87本 、マルバヤナギ(왕버들)37本、ケヤキ25本、エノキ26本、エンジュ26本、マツ32本、ヒマラヤスギ(개잎갈나무)19本等が生育している。

森の中を道路が貫通していることで、森が分断された。かつては、森がさらに鬱蒼としていたと考えられる。

森は、中学校の運動場とつながるので、森の中での環境教育に活かせると良いと考えられる。

旧暦１月 15 日の祭礼(写真提供：權五碩氏)

旧暦１月 15 日の祭礼

森の中の小川

4 道川森(口樹里)（ド チョンスップ）

★2009年天然記念物 514号

도천숲

【所在地】慶尚北道盈徳郡道川里751
２つの川の合流地点に森があるので、「道川里」(別名：口樹里)という地名になったという。周囲の山々に囲まれた集落である。

【由来及び文化誌】

風水で植えられた２つの川の合流地点にある森

北側は박대산(パクテ山)が北風を防ぎ、東側は鳳凰山が海風を防ぐ場所に位置する。

森の奥に位置する堂社の中には、「洞主神　神位」と書かれた位牌を祀る。由来には、金氏の先祖が約400年前、風水的に、外から見て、集落が見えないように、木々を植えて森を作ったという。地域の人々は、この堂山の森を神聖視して、落ちた枝でさえも持って帰らないという。集落を暫く離れる際は、必ず挨拶するという。

旧１月14日夜０時に祭祀がある。禁忌が厳しく、祭官・祝官が洞祭を行う。祭官は、５日間、一人で過ごす。毎日沐浴して、人と一切話してはならないという。１月15日の夕方、集落の人々一同が会館に集まり、農楽や伝統の遊びを行う。その後、夕方田畑に造られた月藁(つきわら)燃やしや「月迎え」を行う。美しい風景とともに自然に寄り添いながら、団結・協力し合って伝統を守る集落ともいえよう。

森の中に堂山の祠が位置する

全景

森の中の小道

旧 1 月 15 日、月藁燃やしで豊作と無病息災を祈る

【森の現況】

面積9064㎡の森。樹齢約300年余りのチョウセンミズキとケヤキが優占樹種である。その他、エノキ、イタヤカエデ、イヌゴシュユ等が混生し、、全体的に生育状況は良い。森の下層には、ムクロジ科モクゲンジ属、サンショウ（山椒）等が生え、階層構造が良い森である。森の一角に、珍しい窪みがあり、昔、稲の苗をこの森の土で作るとよくできるので、作った跡という。

上流にダムができたためかつて流れていた川には水が流れない。近年、文化財庁で森の中に、木の板の遊歩道を作り、森と親しむように空間を作った。

5 北川藪（ブックチョンス）

북천수

★天然記念物　第468号

【所在地】慶尚北道浦項市北区興海邑北松里477
浦項市北松里の北川（曲江）沿いに位置する。

【由来及び文化誌】

李得江郡長官が氾濫防止のため川沿いに堤防を作り植林

興海の郡守・李得江が1802年、興海の北川に沿った10里に作らせた森である。現存する韓国のマウルスップ（村の森）で３番目に長い。北川が度々氾濫して作物ができず凶作で苦しむ農民のために、北川沿いに堤防を作り、木々を植えたのである。『慶尚道邑誌』に「興海。林藪。在郡北五里。李候得江。憂邑民之被水患。養成林樾」とあり、1826年（純祖26年）に建てられた『興海郡守李得江北川藪遺跡碑』に「於是培植而禁養之。歴十数年」と記された。「禁養に努めて十数年を出ずして水害は絶え……安寧を保つに至った。朝鮮末期に郡守安種徳が森の一部を開墾しようとすると農民が蜂起して郡守を捕まえて曲江に投げた」と記された（『朝鮮の林藪』p162）。

『北松亭碑重修牌』（1908年〈純宗２年〉）には、「噫邑非堰無邑。堰無松無堰。松非人無松……晋王監督松林数年松葉放売鳩聚。重葺碑閣。後之監検防阡者。追慕前人之跡。護是松保是邑。則曲江之陬」とあり、堤防に松を植えて洪水防災林とし、松を守ることが集落を守ることであると記している。

森の中

北川から望む

興海郡守・李得江功徳碑

北川藪の天下大将軍と地下女将軍の土地を守る「チャンスン」(장승：長丞)

【森の現況】

面積19万1229㎡、長さ2.8㎞、幅50mほどの五十川の南側の川沿いに植えられたマツ林である。森の土地は国により買い上げられ、柵を設けてマツが保護されている。『朝鮮の林藪』(1938年)を見ると、洪水時の土砂の流失防止に大きく寄与したとされる。

現在、胸高直径30㎝、高さ20m、樹齢100年ほどのマツが多く、北側からの防風、防砂が主な役割のようである。柵内に保護されたマツは下草もきれいに刈り取られ、松枯れ防止の樹幹注入も定期的に行われているようである。

気になる点は、樹幹注入の穴の間隔が狭いのと、穴が埋められていないところである。松林全体が柵に囲まれ、管理されると素晴らしい住民憩いの場所となるであろう。落ち葉かきは、マツの生育に重要と考えられる。

6 浦項市徳洞森と龍渓亭

★大韓民国　名勝81号

덕동숲

【所在地】慶尚北道浦項市北区杞北面徳洞文化ギル26番地
徳洞集落を囲む徳洞の森は、龍渓川に沿って、松契森、亭契森、島松森（섬솔밭）の三つの森として形成されている。龍渓亭の南側に杞渓川が流れている。

【由来及び文化誌】

集落の組織が１本ずつ管理する水害防止・防風林

「亭契」松林（1878㎡）は、1600年頃、風水の水口防ぎ「洞口の森」として造られた。河の水害防止、防風林の役割があるという。「亭契」松林の向かいに鄭文孚（1565-1624）が建てた「龍渓亭」が位置する。

徳洞集落の人々には「大同契」という組織があり、田畑から得られた収益は、集落の「公益」のために利用するという。松の１本ごとに松を管理している地域住民の名前が貼られている。2008年、島松林（섬솔밭）の松をさらに補植した。「護山池塘」の池も作った。「松契」は、お互い協力して助け合う共同体の精神に基づく組織である。徳洞は、古くから山が強く水が弱い形局とされて、水が少ないので人材が少ないとされて、新しく「護山池塘」の池を作ったという。

亭契の松林（写真提供：浦項市生命の森）

護山池塘（写真提供：杞北面事務所）

【森の現況】

三つの森があり、松契森、亭契（龍渓亭の向かい）、島松林（섬솔밭）という。

松契森は、アカマツ、ケヤキ（堂山ご神木）、イチョウ、エノキ、イロハモミジなどが生えている。亭契は、アカマツ林。

池を散策するための遊歩道も整備されている（写真提供：尹基雄氏）

龍渓亭（写真提供：杞北面事務所）

7 鶏林（慶州）

계림

★史跡第19号

【所在地】慶尚北道慶州市校洞
兄山江の支流の南川と北川の間の田畑の中に位置し、森の中に雁鴨池からの水路が流れる。南川の河畔林とされる。

【由来及び文化誌】

慶州金氏の始祖誕生にまつわる地に形成された防災林

森の奥には新羅第17代奈勿王の古墳があり、隣接して新羅金氏ゆかりの集落が広がる。

西暦65年、新羅第４代脱解王の時、ニワトリの声で森に入ると、金の葛籠(つづら)の中には美しい赤ん坊がいて、脱解王は子の姓を金とし、慶州金氏の系譜の始まりと伝える。慶州金氏の始祖、金閼智の７世孫である味鄒王（262～284年）が初めての王になり、以降37名の子孫が王位を継ぐ。文献記録は、『三国史記』にある「王夜聴金城西始林樹間有鶏鳴声……改始林名鶏林」等が見られる。

鶏林は慶州金氏の始祖・金閼智の誕生にまつわる聖地林でありながら、南川と北川の間の田畑の中に位置することから、風水害から集落を守る役目を担ったとも考えられる。

現在、森の一角の秋分（９月22日）奈勿王の陵で、慶州金氏門中を中心に祭礼が行われる。

鶏林全景

森の中にある石碑の閣

森の中の水路を流れる水は周囲の田畑を潤す

秋分（9月22日）奈勿王陵の慶州金氏門中祭礼

【森の現況】

面積は２万7874㎡。ケヤキ、エノキ、エンジュ、アカメヤナギなどの落葉広葉樹で構成された森である。

樹齢は200～300年ほどの古木が多く、東西に流れる水路際にはアカメヤナギの老大樹が集まっている。

ほとんどの木が樹体のどこかに腐朽部分を抱えており、樹木治療は行われているものの傾いている木が多い。

落葉樹が樹林の大半を占めるため、林内は明るく、下草もきれいに刈り取られている。

『朝鮮の林藪』（1938年）によると、その時代以前から林相は変わっていないようである。鶏林は、古くから「鶏林黄葉秋蕭瑟」のように「黄葉」という記述が見られ、古来、落葉広葉樹林であったと考えられる。

8 徳泉1里堂山森（古堂樹）

トクチョン　コダンシュ

덕천1리 숲

【所在地】慶尚北道慶州市内南面徳泉1里
徳泉1里のマウルスップ（村の森）前方の水田の中に位置する。小高い丘全体が聖域である。夏は、農作業の後の憩いの場所である。

【由来及び文化誌】

堂山の森に残る治水の功績を称える石碑

東洑山の豊富な水が地下水脈として流れる地点で風水の意味を込めて作られた森とも言われる。水田の中に位置して、夏の農作業の後、一休みをする空間でもある。

亭子の横には、かつてこの地一帯の治水を行った慶州府丑閔致序の功績を称えた「府丑閔相公致序永世仏忘碑」石碑（1879年建立）がある。この森で最も老木の欅の前に石の祭壇がある。

旧暦1月15日、祭りを行う。かつては、綱引きもあったが、今は祭祀のみになっている。

堂山森全景

【森の現況】

ケヤキ、エンジュ、アカマツ、クロマツ、エノキ、ミズキなど落葉広葉樹を中心に針葉樹をまじえた植生の森である。森の中にはウグイス、ヒヨドリ等のさまざまな貴重な鳥や生き物が棲息している。

老木のケヤキは空洞があり、やや葉の量が少ない。根の周囲をセメントで舗装しているので、影響があったと思われる。

全体的に生態状況は良いと思われる。ただし、亭子（東屋）の横の松の腐朽が深刻で、倒木の恐れがある。

ご神木のケヤキ

「府丑閔相公致序永世佛忘碑」石碑

9 隍城公園（高陽藪・論虎藪）
ファンソン
황성공원

★自然生態保護区、「韓中友好の森」事業（2016年１月～2017年12月）

【所在地】慶州市隍城洞1-1
隍城公園（高陽藪）は、兄山江沿いに位置する。南川、西川、北川がある。

【由来及び文化誌】

三方を川に囲まれた慶州に作られた水害防備林

『三国遺事』に「現持短兵入林中。虎変為娘子……論虎林」と古くから記述が見られる。『東京雑記』に「古くから論虎藪と呼んだ。……今は、悪い百姓が開墾して畑を作ったので、森が二つに分かれた。古くから木々を植えて森を造ったのは偶然ではない。しかし、今木を伐り、耕作をしているので、痛恨も甚だしい。法典に、裨補の森を伐り、耕作するものは、杖叩き80回で、その利益を没収すると記された。守嶺はこれを必ず知るべきだ」と記されている。

『成宗実録』元年（1469年）に「凡川畔須有草樹茂密。可以提水護田。無識之徒。尽伐為柴。」、『慶尚道邑誌』に「林井藪。高陽藪。論虎藪」等の記録がある。兄山江が流れる慶州は、三面が水で囲まれて、水害が多かったことが『承政院日記』（仁祖12年〈1634年〉）などに記録されている。

隍城公園（高陽藪）は、水に囲まれた慶州の地形的な関わりで、水害防備林として木々の伐採が禁じられた。近世は、1913年「水害防備保安林、公園に充つる計画のもとに慶州邑に移管された」と記された。水害防災林と観賞用の木々を植えるなどして、早くも公園として利用されたと考えられる。

慶州の人々の日々の散策や運動会など、さまざまに利用されている、市民の森である。

隍城公園全景

隍城公園の尚友亭

北側のアカマツ

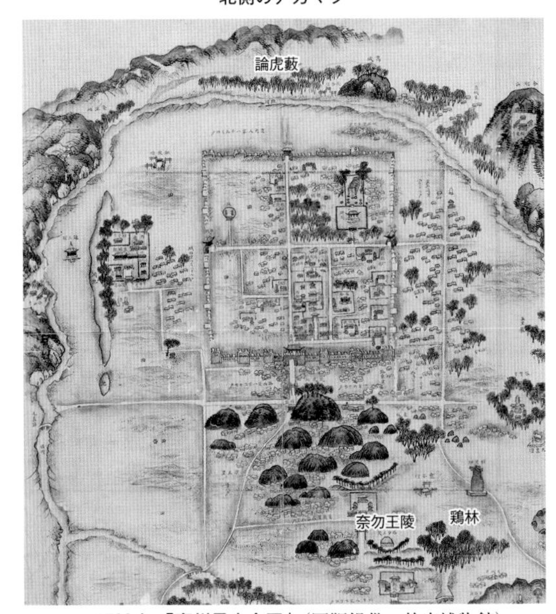

1798年「慶州邑内全図」（図版提供：故宮博物館）

【森の現況】

面積89万㎡の広大な公園の南側は、アキニレ、ケヤキ、エンジュ、クヌギ等の落葉樹林である。

北側は、アカマツ（赤松）が優占樹種である。ウルシ、サクラ等観賞用で植えられている。

慶州市は、公園の一角に2017～2018年、周囲の私有地を購入して、2万㎡の土地にマツ、イブキ、イチョウ、モミジ、ケヤキ、ヒトツバタゴ、モミ等、3万8000本の木々を植えて「韓中友好の森」を造り、仲に池と「常友亭」の亭子を建てた。

『東京雑記』に「今則俗称高陽藪。……古来種樹成林」と記述されたように、古くから木々が植えられて、北側の松林と南側の広葉樹林の構成になっている。

松林の中は、下草が採られて管理が行き届いている。森の中には、リスやさまざまな貴重な鳥たちがおり、生き物の生殖地でもある。

10 太和江十里竹林（テファガンシプニデスップ）

★太和江国家庭園

태화강십리 대숲

【所在地】蔚山広域市中区新基キル（太和洞）
蔚山市西側の加智山（1241m）などの嶺南アルプスと呼ばれる山岳地帯から発した水が、蔚山市を貫く太和江（長さ 47.54㎞）の蛇行する部分に生えている面積10万9866㎡、長さ約10里（約４㎞）の国内最大規模の竹林。2019年７月韓国で２番目の「太和江国家庭園」に指定された。

【由来及び文化誌】

新羅時代の竹林を再生させた水害防備林

蔚山は、古くから竹の産地として記録に見られる。『慶尚道地理誌』に「蔚山郡。土産貢物。篠蕩」、『八道地理誌』に「蔚山郡。土貢。篠蕩」とある。「篠蕩」は、왕대（ワンデ）（マダケ）という。朝鮮王朝時代、『楮竹田事実』『慶尚監営啓録』によると箭竹は、軍器として栽植し、禁養したとされる。

權相一の『鶴城誌』（1749年）に、「蔚山府使・朴就文（1617年～1690年）が建てた「晩悔亭」の前に竹林が幾つかの畝（うね）を成し、釣り場があり観魚台がある」と記す。蔚山は、古来より竹産地であり、太和江沿いに常に竹林があったとされる。

竹林のある場所は、かつて太和江が常に氾濫して河畔は砂礫の荒蕪地となっていた。砂と小石の流入を防ぎ、肥沃な土壌の耕作地造成と護岸・洪水防止のために、1917～1932年に水害防災林として造られたと『朝鮮の林藪』（p153）には記されている。

太和江は、高度成長期に産業化と人口急増などによって水質汚染が進んだ。2002年から蔚山市が川の再生に尽力して自然生態が蘇り、2011年には１級河川となった。現在、蔚山を代表する川となり、市民の憩いの空間も造られ、多様な生態観光と子供たちの生態学習などに利用される。

太和江十里竹林（写真提供：尹石氏）

「晩悔亭」と「太和楼」

晩悔亭（写真提供：尹石氏）

竹林

台風で氾濫した太和江

【森の現況】

総延長約４㎞に約50万本の竹が育ち、主にマダケ（왕대）で構成されるが、ハチクとクロチク（黒竹）も混在している。竹林ではテングス病が蔓延しているが、対策として密植した所を間引いて、１㎡あたり１本程度に減らすと収まると思われる。南側の竹林は、シラサギの営巣地とミヤマガラスの飛来地となっている。

2010年、十里竹林の背後に作られた「竹の生態園」には、韓・日・中の63種類の竹が育つ。太和江国家庭園の案内センターの前にある「晩悔亭」は、憩いの場所となり、竹林の中にも散策路が整備されている。

權近（1352～1409）は『陽村先生文集』巻十三「大和楼記」に「梅や竹、椿等、冬が過ぎても香り、蔵春塢という。新羅の時、西南に楼を建てた」と言い、「亭や楼は、政治と直接的関係がないが、風景を観賞して疲労を癒すことがない国はない」などと記す。

11 上林（サンリム）

함양 상림

★天然記念物468号

【所在地】慶尚南道咸陽郡大徳里246

渭川沿いに位置し、美しい景観として韓国屈指の観光地。近年、森の横に約２万坪の蓮の池が作られた。

【由来及び文化誌】

新羅時代に崔致遠洪水防災林として植林、現在は国内屈指の観光地

渭川の河辺林。『天嶺邑誌』・『東国輿地勝覧』31巻慶尚道に「大館林」と記された。新羅の時、咸陽郡太井であった崔致遠（858年～？）先生が洪水防災林として植林したと伝える。崔致遠の『孤雲集』「輿地勝覧」に「学士楼は咸陽客館の西にあり、先生が太守をしていた時に訪れ、観賞して名づけられた。手植えの森が十里余りで、村人が石碑を建てて記録した」と記された。また、『文昌侯崔先生神道碑』にも、「文昌侯崔先生神道碑……建学士楼。手植林木於長堤。先生去後。咸之人士愛之……」と、崔致遠先生による植林の記述が見られる。朴趾源（1737～1805）『咸陽郡学士楼記』には、「嘗為守天嶺而置楼者……一鶴寥廓。則怳然学士之咏高秋也。楼之所以名学士」と、崔致遠先生の精神が受け継がれていることが記された。

上林は、水害防備林として古くから禁養された。

現在、学士楼では５月末に咸陽文化院などによる文化祝祭が行われる。地域の人々の憩いの森や観光地として観光資源のみならず、子供の自然学習の空間として利用される。

渭川沿いの全景（写真提供：尹石氏）

森の中を流れる水路

学士楼

咸陽邑城の南門

【森の現況】

落葉広葉樹林（面積11万6743㎡）で、森の中は散策路と立ち入り制限地域があり、森の中に小川が流れている。土壌は砂質で弱酸性、有機物と窒素が多く肥沃であるため、落葉広葉樹の生育に適している。

シデ（개서어）アカシデ、ケヤキ、コナラ、カシ（참나무）クヌギ（상수리）等が優占する他、ブナ、トベラ、サンショウ、アワブキ、ダンコウバイ等が出現する。

植生遷移の最終段階の極相林の樹種シデが優占し、亜喬木、灌木層等に多様な落葉広葉樹が出現して天然更新していると考えられる。

しかし、文化財庁の調査（2014年度）によると、カシ類・シデの３分の１に樹皮枯死や樹木全体の枯死が増えているという。

12 蔚山（ウルサン）・大王岩（テワンアム）

★蔚山12景

대왕암 송림

【所在地】蔚山広域市東区一山洞山970番地大王庵

大王岩公園は、左側は、黒松林、右側は広葉樹が混ざった森と大王岩。約600m の散策路を通ると広大な海が広がる都市の中の貴重な憩いの空間。大王岩から対岸を望むと、現代自動車の工場と造船所が見える。

【由来及び文化誌】

かつての馬の放牧地に植林された松林

大王岩は、新羅を統一させた文武大王（661 ～ 681年）の王妃が龍になり、海を守ると伝える。周囲に、怪岩絶壁や龍が住むと伝える龍窟がある。「魴魚津」は、かつて牧場があったとされて『朝鮮王朝実録』成宗１年（1470年１月４日）に「蔚山の魴魚津には本来、放牧した馬が360斗ある」、『新増東国輿地勝覧』22巻慶尚道・蔚山に「魴魚津牧場があり」等の記述がある。

松林は、日本統治時代に灯台の設置とともに、木々が植えられたと伝える。1946年この灯台山で開かれた詩文学大会の１位になった千峰煥が「魚津東麓是灯台　長松怪石天然画」と詩を詠った。日本統治時代、1906年灯台が造られて、防風林として松を植えたという。地域の住民の話によると、以前は松葉を燃料のために集めたので、松林に松葉が積もることはなかったという。

大王岩松林は、森の中に散策路が作られて、休日になると数万人が訪ねる、蔚山を代表する憩いの空間の松林になっている。

大王岩松林

林内の散策路

松林から大王岩を望む

【森の現況】

面積94万2000㎡の公園。クロマツ林であるが、下層は、ソメイヨシノ、クワノキ、ダルマギクなどの海岸植物が育つ。クロマツは깍지벌레（マツモグリカイガラムシ）の被害を受けて、枯死した樹木が多く、樹冠形成が悪く、光が入り下層植生が発達してクロマツの生育に支障を生じている。

植栽されたソメイヨシノは高さ８m以上に大きくなったのもある。

クロマツの持続的保全のため、2016年５月から蔚山市東区、ＮＧＯ「蔚山生命の森」を中心に松葉かき、雑草抜き等を毎月、定期的に行っている。

元気な松林活動

雑草抜き活動

13 鎮下松林（ジンハソウリン）
진하송림

【所在地】蔚山広域市蔚州郡西生面鎮下
鎮下海水浴場がある鎮下海沿いに位置する。海岸沿いは、神仙が遊んだという伝説の「名仙島」（別名：鳴蟬島）がある。堂山の背後の山には、1593 年加藤清正が築城させた「西生浦倭城」の跡がある。

【由来及び文化誌】

海に面して海岸安全を祈願する堂山の森

鎮下村を見守る堂山할머니(お婆さん)の祠の中央に「鎮下마을(村)守護神位」が祀られている。その右側には「明将東征提督大司馬大将麻貴将軍神位」が祀られている。「麻貴」は中国明末の将軍である。集落の背後は、西生浦倭城が位置するように、かつて蔚山は、戦争の最前線だった。城の入口に集落の命の水・鉱泉井がある。西生面堂山할아버지(お爺さん)「報忠祠」には、「東征提督忠武候麻公」、位牌の中に「東征提督中軍慕軒片公」と記されている。片公は、麻貴提督の部下の将軍とされるが、韓国で「片氏」の始祖とされる。

旧暦１月14日夜中０時に祭祀を行い、翌日１月15日夕方「月家燃やし」(달집태우기)と地神踏みなどの農楽台などの賑やかな祭りが行われる。旧暦１月15日の夜、満月が上がると月迎えの「달맞이(ダルマジ)」があり、昔からこの日、お月さんに祈願すると願い叶うとされ、月に向かって祈る。また、３年に一度、豊年祭が盛大に行われる。６月30日、海水浴場の海開き(７月１日)に先立って、海岸安全を集落の人々が集まって祈願する。鎮下の海は、かつては、イワシが豊漁で、岩場が多いことから、今もウニ、アワビなどが捕れるという。

鎮下の海と堂山松林全景

堂山松林

報忠祠

【森の現況】

樹齢150年〜200年前後のクロマツ（黒松）が約300本余り生育している。近年、周囲の松の保全のため、土地を購入して保全に励む。

2015年暮れから、痩せ地を好む松の持続的保全のため、「蔚山生命の森」の会員と地域の人々が、松葉かきを行っている。

堂祠の背後には、枯死した松が倒れたままで、信心深い集落の人々は、ご神木が枯死しても自然になくなるまで、枝一つ触らないことは、特記すべきである。

松林の持続的保全のために、テニスコート等の設備を取り除き、森の復元が課題と考えられる。

月家燃やし（旧1月15日）

14 河東松林(蟾津江)

ハドンソンリム　ソムジンガン

★天然記念物445号(2005年)

하동송림

【所在地】慶尚南道河東郡河東邑廣平里443-10

蟾津江の河畔林。1880年(高宗17)武官らの弓などの訓練の射亭として建てられた「河上亭」がある。花開は、茶始培地として知られている。

【由来及び文化誌】

地方長官田天祥が河畔の防風・防砂用に植林した松林

河東松林は、英祖21年(1745年)河東都護府使の田天祥が蟾津江の防風・防砂用として植林したと伝える。2016年７月、田天祥の功績を称えた「記跡碑」が建てられた。

森の中には、1920年に作られた「河上亭」という亭子があり、毎年、ここで学生らの作文大会が開かれるなど、地域の文化活動に活用されている。また、夏に「避暑地文庫」(約１か月間)が開かれ、数千冊の本を置いて、地域の人々のボランティア活動で運営される。

旧暦１月15日夕方、川沿いでその年の平安を祈る「月藁燃やし」(달집태우기・松明焚き)や月迎えの祈願、農楽台の演奏など、さまざまな民俗遊びが盛大に行われる。かつての防災林として松林は、今は美しい川とともに風景を楽しむ人々が各地から訪ねる「白砂青松」の名所として知られる。

仏庵山からの眺めた景観

松林の中

河上亭

月藁燃やし

【森の現況】

面積５万331㎡。アカマツ 948本余りが生育している。入口から約100mのマツの周囲は柵がなく、人々の出入りが多く、踏圧の被害も見受けられる。森の中に運動設備があり、利用される。河東郡は松林の持続的保全のため、第８段階の自然休憩年制度を導入して河上亭を基準に東側9800㎡の立ち入りを2017年まで制限していた。

全体的に生育状況は良好である。土壌は、砂土が多く、松の生育に適切な有機物が少ない痩せ地であるが故に他の樹種の出現はない。一般公開の地域は、踏圧被害があり根の露出もある。マツの一部には、栄養剤の樹幹注射がされている。松は、北風や雪の中でも青々と繁ることで、韓国では古くから선비（ソンビ）精神（貧しさを誇る、志の知識人）の象徴とされる。

15 竹城里堂山・国首堂

チュクソン ニ タンサン　グッ ス ダン

★釜山市記念物50号

죽성리당산・국수당

【所在地】釜山広域市機張郡竹城里248
竹城里堂山お爺さんは、竹城港の丘・黄鶴台に海と集落を見下ろす高台に、お婆さん堂山は見下ろすと見える海岸沿いに位置する。

【由来及び文化誌】

かつての沿海防備の要塞地で海に向けて行われる龍王祭

豆湖集落を始めて開いた羅氏お婆さん堂山で、国守堂は天から神が降りる所と伝える。豆湖集落（約200戸）には、壬辰の乱の時に作った倭城がある。堂山お爺さん（国守堂）、お婆さん（松１本；集落の東北の海沿い）、コリッテ将軍台３カ所がある。

「豆毛浦」は、かつて沿海防備の要塞地とされ、現在「豆湖」集落と呼称する。また、「黄鶴台」一帯は、かつて孤山・尹善道の流配地とされる。『新増東国輿地勝覧』を見ると1510年築城された「豆毛浦石城」があった所で、宣祖26年（1593年）築城された豆毛浦倭城が近くにある。

祭祀は、旧暦１月15日昼、盛大な祭りが行われる。５年に１回、旧暦１月３日に別神祭を盛大に行う。１月15日の祭りは、注連縄を張り、赤土を共同の井戸と堂山に撒く。祭主は、里長・集落の有志の中で選ぶ。祭礼は、お婆さん堂山―井戸―国守堂お爺さんの順番である。

神棚に、酒、餅、豚肉、果物などを供えて、その際、海に向けて行う「龍王祭」も行った後、井戸に参りお神酒を供える。その後、お爺さん堂山に参る。

国守堂の５本のクロマツ

国守堂

【森の現況】

５本のクロマツが、まるで１本の樹木が枝分かれしたような風格と威厳を感じる素晴らしい風景の黒松で、韓国を代表する樹木といっても過言ではなく、後世に残していきたい風景である。

マツは先駆植物で、菌根菌の力を借りて乏しい栄養条件の土地で育つのを好むので、落ち葉かきは、マツの生育に重要と考えられる。

お婆さんの堂山の祭礼

堂山お婆さんの祭り後、井戸に注連縄を張る

倭城の跡

龍王祭のお供え

16 釜山海雲台松林（プサンヘウンデソウリン）

해운대송림

【所在地】釜山広域市海雲台区ウ洞702-1

海雲台海水浴場沿いに位置する。長さ1.5km、幅30m～50m。松林。白砂青松の風景が広がる海沿いは、「夏になると世界で最も多くパラソルが並ぶ」と言われる韓国屈指の避暑地。砂浜では、四季を通じてさまざまなイベントなどが開かれる。

【由来及び文化誌】

国内屈指の海水浴場を守る新羅時代からの松林

海雲台の松林の由来は古く、新羅時代（356～935年）崔致遠先生の伝説に知られる。李安訥（1571～1637年）が、宣祖40年（1607年）東莱府使の在任中に記述した『東岳先生集』26巻の著書がある。

李安訥『東岳先生集』巻八「登海雲台」に、「石台千尺勢凌雲。下瞰扶桑絶点雰。海色連天碧無際。白鷗飛去背斜曛。伽倻仙子礼元君。採薬行随麋鹿群。丹成白日乗雲去。……海雲台在府東二十里。新羅崔致遠築台遊賞之地。新羅学士崔海雲……崔致遠字孤雲。一字海雲」と、海雲台と崔致遠先生について記述している。

海雲台海水浴場は、夏になると100万人ともいう人々で賑わう。海砂の防災林として役割とともに、散歩などを楽しむ市民公園としても知られ、都市住民の憩い空間にもなっている。旧暦１月15日、「月藁燃やし」は数千人の人出で賑わう。

eパラン公園のベンチつき散策路

松林の背後には釜山屈指のビル群が並ぶ

松林は市民の憩いの場所

韓国では吉鳥とされるカササギ

【森の現況】

面積２万5060㎡。クロマツ他５種2600株。海水浴場沿いに位置する松林公園は防風林として知られる。

現在は、公園として利用される。ツバキ公園とつないだ緑地帯状を成している。

夏になると避暑地となり、遠方から毎年、御馳走を作ってわざわざここを訪ねる人もいる。根の周りで人々が座り込む影響・踏圧なども今後考慮すべきだろう。

照葉樹林は見られない。

2008年、松林の一角に企業と海雲台区庁が共同で造った「eパラン（青い）公園」は、松林の中に木道とベンチが造られて、憩いの空間になっている。

しかし、駐車場から松林に降りる周辺は、踏圧が見られる。

旧暦１月15日の月藁燃やし
（写真提供：海雲台区役所）

17 釜山冬栢島・海雲亭

★釜山市文化財第45号・46号（1997年）

동백섬 해운정

【所在地】釜山広域市海雲台区ウ洞710

冬栢島は、2005年に開催されたAPEC首脳会議の記念館「Nurimaru house」がある。反対側に超高層ビルが立ち並ぶ。絶景の海が広がり、歩道専用の散策路は市民公園として利用されている。

【由来及び文化誌】

官を辞して海浜の植林などを行った新羅末の文人ゆかりの地

1971年に崔致遠（チェチウォン）先生の像が作られて、1998年冬、栢島の頂上に崔致遠先生を偲ぶ「海雲亭」が建てられた。崔致遠先生は、『三国史記』巻46、列伝第六に「崔致遠。字孤雲。……山林之下。江海之浜。営台榭植松竹」と記されたように、山林の下や海川沿いに亭子を立て、松・竹を植えたとされる歴史上最初の自然人である。『高麗史』に「鶏林人……登海雲台。見合浦万戸張瑄題詩松樹」と記されているように、特に松を詠った記述が多い。

『新増東国輿地勝覧』第23巻に「海雲台……崔致遠所遊之地、亭宇遺址尚存。冬栢杜沖森鬱……」という記事が見られる。崔致遠が遊んだゆかりの地として「海雲台」と刻んだ石碑と考えられる。

海雲区や崔致遠先生海雲台遺跡保存会を中心に毎年、４月17日祭祀を行う。豚丸ごと１匹、海と山の幸やお神酒などを供えて、約300人余り地域の有志等が参加して盛大に行う。「海雲亭」は、地域の誇りの場所であり、憩いの空間にもなっている。周囲は、車両は進入が禁止されて、散策路が作られて市民公園として開放されている。

崔致遠先生の像と海雲亭

【森の現況】

面積14万9678㎡。クロマツ（黒松）が優占樹種であったが、土壌の富栄養化により、ツバキが多く占めており、ツバキの後継樹が大半を占める。その他、エノキ、タブノキ、ヒサカキ、マサキ等が育つ。

今後、照葉樹林への遷移が予想される。

光が入らない暗い森になり、海の絶景も見えなくなっており、クロマツの後継樹は、ほとんど見られない。

崔致遠先生の像の周囲には、かつて朴正熙大統領が好んだと言われるヒマラヤスギ十数本が植えられている。

松林とツバキが広がる冬栢島

ツバキが多い散策路

崔致遠先生海雲台遺跡保存会の祭祀（4月17日）

豚丸ごと1匹が供えられる

18 勿巾里漁付林（ムコンリオブリム）

★天然記念物150号

물건리 어부림

【所在地】慶尚南道南海郡三東面勿巾里
海岸沿いに位置する。前は海が広がり、背後に水田と集落が位置する。勿巾里という地名は、背後の山が「勿」のような形で集落を囲み、真ん中に川が流れるさまを「巾」とした。

【由来及び文化誌】

村を台風・潮などから守る三日月形の海岸林

約370年前に津波防止、防潮林として作られたと伝える。また、魚が寄りつくことで、「漁付林」として呼称する。19世紀末、この森の一部を切り開いた後、暴風の被害に遭遇してからこの森を害すると村が滅びるという言い伝えがあり、森を大事に守っている。

『南海邑誌』に「邑の庇補と為す」と記されたように、冬夏の季節風特に台風の襲来に備えたものとされる。海岸林を見下ろす丘に位置するお爺さんの神木が鎮座する。かつては、巨木があったが、台風で倒れたという。森の中にお婆さんのご神木（ヒトツバタゴ）も台風で倒れて、新しい木を祀る。

旧暦10月15日夕方、村の背後の丘のお爺さんの堂山で先に祭祀を行ってから森の中のお婆さんの堂山で祭祀を行う。お供えした供物などを埋める「ご飯の墓（밥무덤）」が森の中にある。

2013年、森の中に木道の散策路が造られた。夏になると避暑地として、観光客で賑わい、また、森は子供の自然学習地として利用されている。

海に面した勿巾里漁付林全景

森の中の散策路

森の中を流れる水路

海岸から見た森

【森の現況】

長さ1500m、幅30mの海岸沿いに三日月(초승달)の形に造られた海岸林。上層は、2000本余りのエノキ、ムクノキ、ケヤキ、ヒトツバタゴ、タブノキ、ニレなどからなり、下層にツバキ、ボダイジュなどが生える。

「勿巾里」という地名のように、周囲の山々の養分が小川となり、森の真ん中に流れる。「漁付林」と呼称されるように、魚が寄りつくのは、森から海にそのまま流れ込むからと考えられる。

19 銀店里堂山（ウンゾムリダンサン）

은점리　당산

★保護樹

【所在地】慶尚南道南海郡三東面銀店里
銀店里の海岸沿いに位置する。集落の背後は、国首山（345m）と鳩山がある。

【由来及び文化誌】

海の龍王神に航海安全と村中安全を祈る

韓国南海郡三東面の銀店里は、古くから銀が採れたことで知られた村で、近くに銀を掘った洞窟があることにちなんだ地名である。海はイワシの漁場としても有名で、イワシの魚醬の工場が多いという。

旧暦10月15日は、７神（堂山神、龍王神、五方神）の御神木の前に供えたものは、木の根本を掘り、神様が召し上がるものとして埋める。海の神様「龍王神」に供えた供物は、すべてを藁（わら）で作った小舟に包み、上に蠟燭（ろうそく）を立てて感謝の思いを込めて海に送る。海沿いでは祈りの燃紙を空高く上げる。魚がたくさん獲れますように、台風の被害がなく、航海安全、村の皆さんの健康を祈る。自然への感謝と畏敬の念を表す祭祀が今日も続いている。

堂山の全景

堂山の森

祭堂

【森の現況】

　ケヤキ、エノキの優占樹種とする。落葉広葉樹林からなり、祭堂の横にご神木のヒトツバタゴ（保護樹）がある。

　森の後ろは、宅地が広がっている。かつて、防風林として作られた森であるが、近年は、宅地等の建物の増加により森が破壊されている。

旧暦10月15日、７神への供え（堂山神、龍王神、五方神）

龍王神へのお供えは、藁船に包んで海に送る

20 草田里堂山（チョゾンリダンサン）
초전리 당산 숲

★自然保護林

【所在地】慶尚南道南海郡弥助面
草田里海岸沿いに形成された落葉広葉樹林で、防災林の役割を果たす。

【由来及び文化誌】

開拓とともに海岸沿いに植林された防災林

光山金氏が海岸沿いに木々を植えて、防風林を造り、この集落を開拓したと伝える。

『朝鮮の林藪』(1938年)には、「南海郡は昭和８年(1933年)８月台風で甚大な被害があったが、この集落は被害なし」と記されている。森の木の伐採や害を与えると村が滅びると伝える。

近年、夏の海水浴場として利用されて、テント設置や建物の建築が多くあり、樹木の生育保全の課題が多くあると考えられる。

毎年旧暦10月15日、森の中に祭神を祀る堂山で祭祀がある。集落の背後の山神閣に祭礼を行った後、海岸林の中のご神木の所で祭祀を行う。

堂山の全景

草田里海岸の風景

あずまや「亭子」は誰もが自由に利用できる

石碑には「草田集落の憩いの場所」とある

【森の現況】

南側は、ケヤキ、エノキ、ヒトツバタゴが優占樹種の他、タブノキ、トベラ、ハリケヤキ等がみられる。北側は、ケヤキが優占樹種の他、エノキ、ヒトツバタゴ、トベラ、クロマツが10本余りなどがみられる。

『朝鮮の林藪』に、「延長600mの幅10mの森でケヤキ、エノキ、シデ、ヒトツバタゴ、アカメヤナギが主林……尚草田集落と一岡を挟み、望後の集落の南面海岸に長さ1000mのクロマツ林がある。

大正４年(1915年)集落民が苗木を購入して無立木の荒蕪地(こうぶち)に造林したもので、林後の家屋50戸耕地40町歩を同じく護っている」と記されている。

朝鮮民主主義人民共和国
ソウル
大韓民国
1河回村・万松亭
2越松亭松林
3五里長林
4道川森（口樹里）
慶尚北道
5北川藪
9隍城公園（高陽藪・論虎林）
慶州
7鶏林（慶州）
6浦項市徳洞森
10太和江十里竹林
11上林
蔚山
12蔚山・大王岩
8徳泉１里堂山森（古堂樹）
13鎮下松林
慶尚南道
15竹城里堂山・国首堂
釜山
14河東松林（蟾津江）
16釜山海雲台松林
17釜山冬栢島・海雲亭
18勿巾里漁付林
対馬
19銀店里堂山
20草田里堂山
日本
済州島

韓国の伝統の森マップ

台湾の伝統の森めぐり 10選

1 紅毛港紅樹林

★民国78年自然生態保育区

【所在地】新竹県新豊郷
紅毛河口にある。紅毛港周囲は、南側に鳳鼻山と北側に小さな丘陵などがある。紅毛港は台湾屈指の港で、16世紀にオランダの船が上陸して一定期間占領した。清朝の時代にも、紅毛港は台湾北部の重要な港口の一つだった。

【由来及び文化誌】

1790年にメヒルギを広東省から移植

『新竹庁誌』によると、1646年にオランダ人の船が難破して「紅毛港在紅毛渓口，古昔為屈指港湾，有荷蘭朗氏等人，寄船舶口碑」と記された。工藤祐舜『台湾の植物』(1933年)によると、「今から140年以前(1790年頃)現庄長徐慶旺氏の曾父徐熙拱が広東省恵州府陸豊県(現在の汕尾市陸豊)より、移植したとの事でこれは主にして「メヒルギ」である」という。マングローブは防風、薪村、家畜の餌に利用されたと考えられる。メヒルギは、防風林・薪材・家畜の飼料等に利用されたと言われる。

『乾隆台湾輿図』(18世紀)の7-26に「此港潮満七八分船隻方加出入」と書かれているのは、「紅毛港」を指す。紅毛河の近隣に、清道光年間に福建泉州から信徒らが勧請した池府王爺廟(池和宮)があり、信仰を集めている。

紅樹林の横には人工の堤防が作られて「紅樹林橋」を渡ると木板の歩道が設置されて、歩きながら紅樹林を近く見られるようになっている。周辺は、観光地になっていて、約20年前にできた港の近くには、飲食店がある。

マングローブを視察する人たち

【森の現況】

植生は、ヒルギダマシ（海茄苳）50％・メヒルギ（水筆仔）50％の混合の紅樹林。メヒルギの勢いが凄く、ヒルギダマシの枯れが目立つ。紅樹林は、防潮や防風林として防災林のみならず、地元の人々によると年中、さまざまな魚が捕れる魚付林の役割もあるという。

1989年、自然生態保育区に指定されてから紅毛河紅樹林の面積は拡張された（民国65年3.9ha、民国100年 8ha）。海と接する河口は波が荒く、浸食も見受けられる。

紅毛河下流

メヒルギ

鳥たち

マングローブの中に作られた散策路

2 斗煥国小学校琉球松

【所在地】 苗栗県頭份鎮斗煥里中正二路221号
獅頭山麓の中港渓近くの斗煥坪に位置し、苗栗・斗煥国小学校の校歌に「獅頭山麓 中港溪畔 斗煥國校……」と歌われている。

【由来及び文化誌】

日本統治時代に創建された小学校に植えられた琉球松

この地の地名、「斗煥坪」は、1805年廣東省人の黃祈英が来て開拓したと伝える。先住民と漢人の往来により、先住民風俗にちなんで「斗乃」として改名、物を交換する平地として「斗換坪」と呼んだという。

斗煥国小学校は、1920年、日本統治時代に創建された。建設費用は、初代校長・渡邊浩をはじめとする台湾の職員らが出費しており、寄付金額を刻んだ石碑が琉球松群の一角に建てられている。2013年、初代校長・渡邊浩の子孫らが、この学校を訪ねて交流を深めた。

雄大な琉球松群は、卒業生たちの思い出の場所となっており、故郷に戻ると必ず学校の琉球松の下に集うという。暑い日々は涼しい陰を成し、美術の時間には絵を描いたり、多くの子供の成長を見守る生きた教材でもある。

琉球松群の全景（写真提供：福田樹木保育基金会）

琉球松

1920年頃の写真と創建寄付を刻んだ石碑

子供たちが描いた琉球松のある校庭
（写真提供：福田樹木保育基金会）

【森の現況】

リュウキュウマツ18本が校庭に生育している。1920年頃この小学校が創建された時、植えられたと伝わる。

台湾の琉球松は、1900年代初期以降沖縄から苗木が移され、台湾各地に植えられたとされる。斗煥国小学校のリュウキュウマツは、2010年から松くい虫、白蟻等の病虫害の被害を受けて樹勢が弱った。

その後、林業試験所や台湾各地の老樹に対して無償で保全活動を行っている福田樹木保育基金会の「老樹文化地景」に指定されて、５年間（2017-2021年）の保全措置が行われている。

3 五福臨門神木

【所在地】台中市石岡区龍興里万仙街岡仙巷3之１号
龍興里万仙街岡仙巷の海抜450mの山頂に位置する。

【由来及び文化誌】

クスノキが大量に伐採された日本統治時代にも残った母樹保存地域

『台中県珍貴老樹巡礼』(1995年)によると、龍興村は、かつて「仙塘坪」と呼称された。集落の西北側は、湧き水が出て、地表の土の色が鉄錆色を表した。閩南語の「銹」と「仙」は同じ音。仙塘は、「銹水の池塘」、すなわち高地帯の河岸段丘の平坦面を「仙塘坪」と称した。

1983年、地域で立てた『五福臨門神木之碑』に次のように刻まれている。「この一帯は、漢民族がここを開拓する時は、荒蕪地(こうぶち)であったが故に草木を燃やして開拓に挑んだので「火燒坪」という地名がある。巨木の樟があったが故に、自然に人々は手を合わせて崇めるようになり、ここの木々は伐採せず、開拓しなかった」と。漢民族が開拓に入った当初からご神木として崇めたと考えられる。

1975年、蔣経国先生がこの地を訪ねて「五福臨門神木」と命名した。日本統治時代、日本は樟を大量に伐採したが、ここは母樹保存地域として守ったとされる。龍興里の土地公と土地婆を祀り、「庄中伯公」と呼称する。樹木と子供の縁を結び「契子」信仰がある。

五福臨門神木の全景

福徳祠廟棚

【森の現況】

五種の巨木が広がり、森を成している。ソウシジュ（相思樹）、楠樹、ガジュマル（榕樹）、クスノキ（樟）、タイワンフウ（台湾楓）。

度重なる台風や病虫害の発生の都度、地域の人々と行政は協力して保全活動を行っている。

クスのご神木

4 茄苳廟（茄苳樹王文化生態公園）

★台中市　珍貴老樹

【所在地】台中市西区梅川東路一段99号
台中市梅川東路の道路沿い面しており、隣接して均安宮が位置する。かつては、横に水路が流れたというが、現在川は道路の下に流れるようになった。

【由来及び文化誌】

子供を見守る樹齢1000年の神木

樹齢千年とも言われる神木アカギは、「茄苳樹王」と呼称され「台中の宝」。神木の象徴である赤布に、「神威顕赫」と書かれている。1979年、地域の個人が土地を廟に寄付して、1981年、茄苳廟を立てて、1995年に台中市が茄苳公園を作り、多くの人々の憩いの場になった。

この茄苳樹のご神木は、多くの子供を見守る信仰「義子、義女」と結びつき、数千人余の子供を見守るとされる。旧暦８月15日、大樹公祭りには多くの子供が親とともに参拝し、隣接する均安宮や主催側から甘い湯円（タンユェン）（もち米で作った団子）が配られる。

2018年９月、「茄苳樹王文化生態公園」になった時、もともと隣に婦幼活動センターがあったが、茄苳樹の成長に影響するので撤去された。その後、地下から泉が湧き出したので、それを活かして池を造った。水辺の樹木文化と共生する台中市の象徴として親しまれている。

茄苳樹王文化生態公園の全景

茄苳廟

【森の現況】

アカギ（赤木、茄苳）の巨木の他、2代目、３代目の後継樹木を育成中。公園化が進み、周囲にアカギ等の幼稚樹が植えられている。

民国102年（2013年）すぐ隣に高層建物が建築予定であったが、根の損傷や日陰等市民から関心が高まり、「搶救茄苳樹王三部曲」保全運動が広まった。

台中市によって、2018年９月、面積0.6haの「茄苳樹王文化生態公園」に生まれ変わった。

アカギのご神木

公園内の池（写真提供：李豪軒氏）

大樹公祭り

5 七股樟樹・双樟土地公

★南投県　珍貴老樹

【所在地】南投県草屯鎮坪頂里・坪頂里南坪路41-11
坪頂里は海抜340～380mの山頂の村。頂城、下城、竹圍、七股の四つの集落がある。一帯は、クスノキが多くご神木として崇められている。2か所とも水源地に近く、「敬天宮」がある。

【由来及び文化誌】

子供を見守る神として知られ、現在は観光名所に

「七股樟樹」は、1775年（乾隆40年）福建省漳洲の李龍科など7人がこの地に入り開拓を始めたことから名づけられた。この樟は、日本統治時代、樟脳（しょうのう）を得るため伐採しようとしたが、不思議な出来事が起こり、伐採できなかったという。現在、子供を見守る神として知られて義子・義女（御神木と縁を結び、子供の成長を祈る信仰）が多い。地域住民が参拝するだけではなく、各地から課外授業や観光ツアーなで多くの人々が訪ねる名所になっている。6月24日盛大な祭りがある。

「双樟土地公」と「双樟亭」は、樟の巨木が2本あることから名づけられた。旧8月14日祭りがあり、福会（地域の人々が共食する）が盛大に行われる。「双樟亭」は、地域の憩いの場所となっている。

七股樟樹

双樟亭

双樟土地公の全景

集落の中に移転された樟聖堂

【森の現況】

クスノキ（樟樹）がご神木として崇められている。2003年クスノキの背後にあった樟元真君を祀る「樟聖堂」は、樹木の保全のため、集落の中に移動させて、「神木亭」を作り憩いの空間を整備した。持続的保全のため、福田樹木保育基金会の保全活動が継続されている。

双樟土地公の祠の背後は、ガジュマル（榕樹）が広がる。双樟亭の左側は、「香樟」右側は、「臭樟」。

道路を挟んだ向かいの「双樟亭」は、集落で最も涼しい木陰が広がり、毎日のように人々が集う。特に、東南アジア出身の女性たちが年配の人を連れて訪れることが多い。

6 九龍大榕公

★彰化県　珍貴老樹

【所在地】彰化県竹塘郷田頭村光明路・水害堤防
竹塘郷田頭村の濁水渓堤防の下に位置する。

【由来及び文化誌】

天に昇る龍にたとえられるガジュマルの巨木

「田頭村」の地名は、水田の入口からの由来である。開拓初期は荒地で、灌漑の困難を乗り越えて、開拓に成功した地であるという。

竹塘郷田頭村の濁水渓堤防の下に位置する。榕樹の下に、「阿弥陀仏三聖仏祖」を安置している例は珍しい。地元では、九龍大榕樹を釈迦(しゃか)の化身の地であるともいう。「九龍」の名称は、1980年代に地域の人々が名づけたもので、まるで龍が九天に昇るようなくねくねした枝の形からという。

広大な榕樹の枝や葉は、木陰も涼しく、台湾南部の暑い夏は、冷房より涼しいという。樹の下で、お茶を飲みながら談話を楽しみ、カラオケの設備もあり歌を毎日楽しむ人もいる。気功を行う人々など、まさに地域の憩いの空間になっている。

竹塘地域はほとんど農業に従事して、濁水米、米粉、鶏卵、ブドウ、ゴボウ(牛蒡)茶、ナシなどのさまざまな作物が取れる。濁水渓に近いことから水利の恵みもあり、水口の位置として「風尾水頭」という風水概念の所と言われる。

旧暦5月6日、「阿弥陀仏三聖仏祖」の聖誕祭がある。

九龍大榕公全景

【森の現況】

ガジュマル（榕公）の樹高約22m、胸径3.5m、樹齢約400年。１本の根から伸びた幹や枝がまるで広大な森のように緑蔭をなしている。濁水溪堤防の内側の広い敷地に位置して、生育状況は良いと思われる。

堤防が近いが故に、重なる洪水の被害を受けながらも森のように広がっている。

１本の木からの枝の長さは全台湾で一番長いと言い、単木が林を成すと意味で「獨木成林」と語れる。

阿弥陀仏像と祭壇

ご神木

森の中は、俗の中の聖地

7 嘉義公園・弁天池

★嘉義市指定古跡（嘉義市史跡資料館）

【所在地】 嘉義市公園街46号

山子頂麓に位置する嘉義市最大の嘉義公園（面積約26.8ha）は、日本統治時代の1911年11月に開業された。観光と地域の憩いの場所、かつての嘉義神社の社務所は、現在、嘉義史蹟資料館となっている。

【由来及び文化誌】

かつての日本式神社が憩いの場所に

1915年（大正4年）嘉義公園の中に、嘉義神社が創建された。1944年に国幣小社に列格。戦後、忠烈祠に改築されたが、1994年に焼失した。1998年第２代神社の跡地に阿里山のご神木と台湾先住民の射日伝説にちなむ射日塔が建てられた。園内は、朴子渓（旧称：「牛稠渓」）の豊富な水源からの伏流水を活かして、噴水や水の神「弁財天」を祀る弁天祠や弁天池（俗称「小西湖」）や水路が造られている。日本の鎮守の森のように、石灯籠、鳥居、高麗犬，手水舎，神輿庫などがある。

入口にある水泉花園は、ヨーロッパの庭園式に設計された。民権路進入の児童遊園地や遊泳池は、子供たちも好きな場所となっている。福康安紀功碑、1906年に発生した嘉義大地震の丙午震災紀念碑、孔子廟などがある。

台湾近代美術の巨匠、陳澄波（1895－1947）には嘉義公園を描いた作品が多い。公園内には、彼のイーゼルが置かれている。園内は、激動の台湾の近代史の縮図を偲ばせる場所であり、豊かな森とともに嘉義市民の憩いの場所・観光名所となっている。

陳澄波「嘉義公園」1937年出品作（写真提供：金龍文教基金会）

嘉義公園内の弁天池（写真提供：蔡榮順）

陳澄波「嘉義公園・嘉義遊園地」1937年出品作
（写真提供：金龍文教基金会）　タンチョウヅルが描かれている。

【森の現況】

1910年に造られた嘉義公園は、植物園を含む総面積約26.8haの広大な公園で、園内には、東南アジア、オーストラリア、アフリカ等から取り入れた木々が植えられている。現在、樹木は約250種類以上植えられている。

小西湖（弁天池）の周囲には、キンキジュ（金亀樹）、ホウオウボク（鳳凰木）、マニラタマリンドなど。クロマツ、ショウナンボク、フウ、クロマツなど。

樹木園は、板根植物のサキシマスオウノキ、ビックリーフマホナニー、ビワモドキ、インドシタンなどが植栽されている。ナンヨウスギは「ナンヨウスギの母」と呼ばれる。その他、アブラヤシ、シュロエリアは、クジャクヤシ、ビロウなどのシュロが植えられている。

弁天池の古写真（1920～30年頃？）

嘉義公園全景（写真提供：蔡景株氏）

8 十二佃神榕

【所在地】台南市安南区内公学路四段54巷43弄
十二佃神榕は、曽文渓沿いに位置する。曾文溪には、阿里山脈を水源とする栄養豊かな水が流れている。

【由来及び文化誌】

神のお告げによって植えられたガジュマル

「十二佃」の「佃」は、耕作の農民を表す。清朝道光年間(1821年 - 1850年)中国から12名の姓の人々が開墾に入ったのが由来とされる。程氏(口寮)、高氏(溫汪)、毛氏(莕仔寮)、許氏(大潭寮)、吳氏(馬沙溝)、陳氏(中洲或馬沙溝)などの姓が各村を開拓、台南の将軍郷の村から「曽文渓」河畔沿いにかけて開墾。

「十二佃神榕」は、台江治水神話と深く関わる。「曽文渓」は、「青瞑蛇」(目が悪い蛇)という別称のように、たびたび水害の洪水を起こし、人々を苦しめた。ある日、榕樹３本を植えると水害が鎮まるという神様の告げがあり、ガジュマルを植えたとされる。歳月が過ぎて、3000坪余りの広大な敷地に森を造成して、信仰のみならず、地域の憩いの場所となっている。

「曽文渓」の氾濫がもたらした肥沃な土壌は、旱田、コウマ(黄麻)、さつま芋、サトウキビ(甘蔗)などの恵みをもたらし、日本統治時代には、よい耕地となった。「十二佃神榕」には、武聖関公を祀る「武聖廟」、松王公(榕樹公)、田府元帥が祀られている。地域に多くの子供を見守る「義子・義女」信仰を集めている。毎月１日、15日には地域の多くの人々が参拝する。

十二佃神榕の全景(写真提供：朱恩良氏)

ガジュマルの気根

武聖廟（写真提供：薛美莉氏）

【森の現況】

ガジュマル（榕樹）の気根が広がり、何本あるか分別は難しく、森を成している。

園内は、木道や散策路が造られて、信仰を集めるとともに地域の憩いの空間となっている。

河口の干潟は、韓国などでは絶滅が危惧されるクロツラヘラサギ（黒面琵鷺）の世界最大の越冬地となっているなど、多様な生物群集の生息地である。

9 台江国家公園（四草紅樹林）

★1994年、四草野生動物保護区
2009年、再成立台江国家公園

【所在地】台南市安南区大衆路
台江の運河で、「台江内海」と呼称され、前は台湾海峡が広がる。運塩古運河や「四草大衆廟」が近くに位置する。

【由来及び文化誌】

台湾屈指の観光名所となっている「緑のトンネル」

鎮海元帥、十方聖賢聖誕（旧暦11月上旬～15日）台江の神文化祭が開かれて、さまざまな祝祭が行われる。「四草大衆廟」は、1700年頃の鄭成功軍とオランダ軍との戦いによる戦死者を祀るとされる。主神は台江の神様「鎮海元帥」、名を陳酉という農民であったが鄭成功が戦う際、先鋒隊の副将として勇敢に戦ったと言われる。

「四草」という地名は、クサトベラが周囲に多いからという。また昔、四つの湖があったからともいう。かつての台江内海は、台湾の西南部（今の台南市）沿岸部の砂洲と本島陸地の間に形成された潟湖（せきこ）だった。17世紀に漢民族が移民して以降は「台江」と呼ばれて、この湾に1000隻もの船が停泊したという。

台江の内海は、数百年間さまざまな政権（オランダ、鄭成功政権、清朝、日本、中華民国）によって統治され、台湾の開墾の歴史などが刻まれた重要な地である。

清朝末に港の役割は衰退して、生き物が豊かな湿地環境が形成された。付近の曾文渓口や四草・七股塩田、塩水渓口などは、世界的にも大規模な湿地帯で、2009年には台江国家公園に指定され、永続的な保全が目指されている。

現在、「四草大衆廟」が運営する緑色隧道（緑のトンネル）は、台湾屈指の観光名所となっている。

台江国家公園の全景

マングローブの緑のトンネル

【森の現況】

マングローブの優占樹種はヒルギダマシ（海茄苳）の他、ヒルギモドキ（欖李）、メヒルギで、ヤエヤマヒルギ（五梨跤）は数本。土深香の他、干潟には、シオマネキ（招潮蟹）、トントンミ（弾塗魚）など、さまざまな雑魚、渡り鳥が生息している。

マングローブの面積は、1960年代（約6 ha）から2015年には約486haへと拡大している。

かつて台湾は、オヒルギ、コヒルギがあったが、1960年代前後高雄港建設の際、絶滅した。緑色隧道（緑のトンネル）は「四草大衆廟」が運営する。

ヒルギモドキ（欖李）

メヒルギ（水筆仔）

観光船

10 美崙自来水園美崙浄水場・松園別館

【所在地】花蓮市松園街65号
花蓮は、日本統治時代に国際港として栄えた。太魯閣国家公園、海洋公園、「大理石之都」として知られている。

【由来及び文化誌】

浄水場の周りに防風林として植えられた琉球松

水道博物館周囲に数本のリュウキュウマツがある。1921年（大正10）に竣工した自来水公司美崙浄水場に防風林として琉球松が植えられたとされる。松くい虫の被害枯死が多かった。

すぐ隣に、1942年4月1日開設された旧日本軍の指令所跡（旧称「花蓮港陸軍兵事部」）がある。第二次世界大戦中、神風特攻隊が出撃前に御神酒を賜った場所としても知られる。現在では、現代アート作品の展示室や雑貨店が並ぶ人気の観光地となっている。2000年には花蓮県政府の「歴史景観特別区」と内政部の「歴史景観公園用地」に、2001年には文化建設委員会の「空間再利用モデル地」に指定された。

松園別館

【森の現況】

美崙自来水園区には、リュウキュウマツが数本。かつてリュウキュウマツが多くあったが、松くい虫で枯死し、クスノキなどが植えられている。

松園別館には、十数本のリュウキュウマツが残っているが、後継樹を植えるなど、未来につなぐ持続的保全が課題と考えられる。

松園

自来水公司美崙浄水場

植えられたクスノキ

台北市
1紅毛港紅樹林
新竹市
2斗煥国小学校琉球松
新竹県
苗栗県
3五福臨門神木
台中市
4茄苳廟（茄苳樹王文化生態公園）
5七股樟樹・双樟土地公
10美崙自来水園美崙浄水場・
松園別館
彰化県
6九龍大榕公
南投県
花蓮県
7嘉義公園・弁天池
嘉義市
嘉義県
台南市
8十二佃神榕
9台江国家公園
（四草紅樹林）

台湾の伝統の森マップ

Ⅱ
論　考

日本の山・川・里・海をつなぐ「伝統の森」文化

李　春子

水は、人間の命を支える恵みをもたらす反面、日照りや干魃（かんばつ）、洪水・水害の両面性があるが故に、水の秩序を願う祭祀と深く関わったといえよう。

日本には、水による「清め」の象徴化がみられる。平安時代の『延喜式』巻八の「六月晦大祓（みなづきのつごもりのおおはらえ）」[1]は、山々の渓谷の水から川、海へと循環する水を司る神々によって、人間の罪や穢れ（けがれ）が清められてなくなるという概念といえよう。神々の森、水による「結界」と「清め」の概念は、日本の特徴ともいえよう。

森の土壌と生態系には、水源涵養（かんよう）機能・洪水軽減・渇水緩和の役割があるという[2]。集落の開拓、災害と恵み、文化伝来など人間社会の「生」のさまざまな営みと深く関わった森を筆者は、「伝統の森」と呼称する。本稿では、A：水源地の山々、B：河畔林、C：里の鎮守の森、D：海岸林として分類する（図１概念図参照）。

森や水の恵みに生かされている人間社会が、土木工事的な「治山・治水」だけではなく、祭祀や慣習を通して、災害を避けて日々の安寧を祈り、畏敬の念を表すことを筆者は「敬森・敬水」と呼称する[3]。

「伝統の森」に関する考察を、山・川・里・海をつないだ視点で水や森の自然環境に「畏敬（いけい）の念」を表す「敬」と自然環境と人間社会の「共生」における「親」の観点から行ってみたい。前者は、伝統の森の空間位置と祭礼に注目して「敬森・敬水」を探る。後者は、伝統の森と人間社会の共生における「親森・親水」を探りたい。

---

1 「祓い清めて下さる罪を、高い山や低い山の頂から勢いよく流れる速い川の瀬においでになる瀬織津比咩（せおりつひめ）という神様が、川から大海原へ持ち出して……沢山の水路が一所に集合して渦をなしている所の速開津比咩（はやあきつひめ）という神様が、かっかっと音を立てて呑み込んでしまう……速佐須良比咩（はやさすらひめ）という神様がそれを持ってうろつき廻って、ついにすっかりなくしてしまう」と記されている。青木紀元『祝詞全評釈　延喜式祝詞中臣寿詞』2000年、p.245

2 　優良な森の土壌は有機物が微生物に分解され、土壌の「団粒構造」が発達する。良い森林を有する河川は、降雨直後に急増水せず、晴天が続いても容易に渇水しない。『森林の江戸学』徳川林政史研究所編、2012年、p.124

3 「敬森・敬水」と「親森・親水」という言葉は、「治山・治水」の音と意味にちなんで、筆者が作った造語である。

写真１　海上で雲が作られている

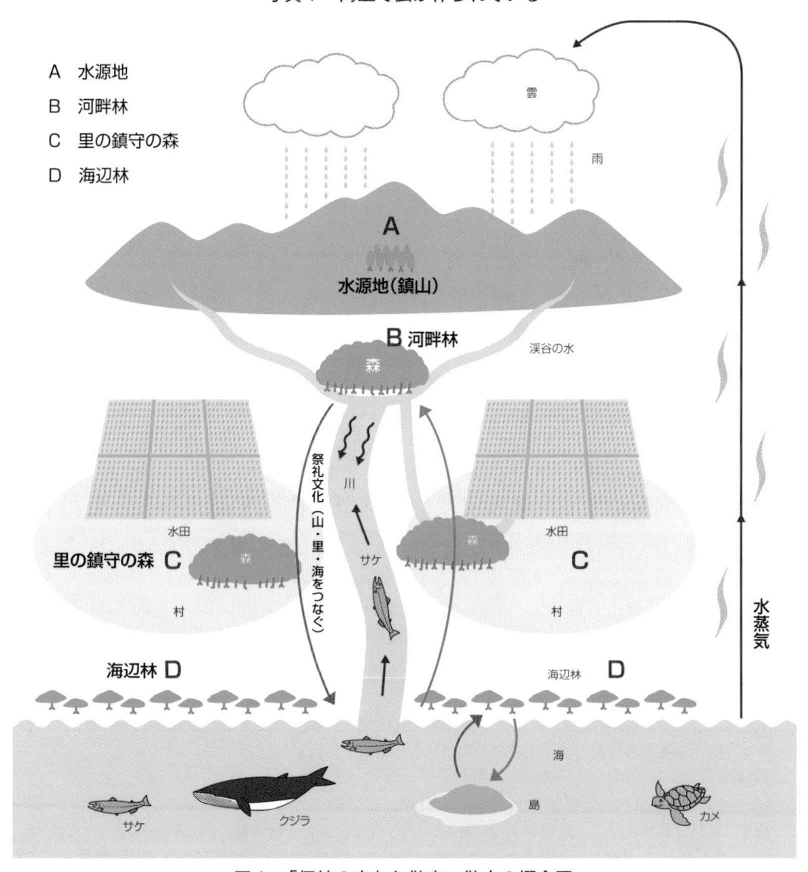

図１　「伝統の森」と敬森・敬水の概念図

第一章　「伝統の森」の空間位置と「敬森・敬水」

⑴高千穂の「水の種」と森

写真２　高千穂の山々

高千穂は、豊かな森と水の場所である。天保12年（1841）高千穂を訪ねた賀来飛霞は『南遊日記』８月18日の項で「高千穂都テ水田無ク稲ヲ植ユル事叶ハス。唯玉蜀黍、麦、麻、煙草等を植ユ」[4]と記した。『太宰管内志』に「山険なれば川も又深し」[5]と記されているように、山々に囲まれた地形である。周囲には、瓊瓊杵尊が八重雲を押し分けて、天降ったとされる美しい雲海で知られている「二上山」や民謡「刈干切唄」の発祥地・国見ヶ丘、天香山などの山々が位置し[6]、豊かな森が育む水は集落を潤し、五ヶ瀬川へ流れる。

「高千穂神社」は、古くから「十社宮」として親しまれた。1862年に描かれた古図の中で社殿の前にそびえ立つ「秩父杉」は、文治年間秩父の豪族畠山重忠が植えたと伝えられる[7]。

高千穂神社の御旅所「御塩井」（おのころの池）は、高千穂町上水道・水源地「玉垂の滝」が落ちる池で、祭神は瀬織津姫神とされる。『高千穂庄神跡明細記』（1863年）によれば、度会延誠が「世々を経て汲むとも尽きじ久方の　天より移す忍穂井の水」[8]と詠んだ。絶えず流れる清らかな水は、龍神の谷・高千穂峡の「真名井の滝」に落ちる。

「天の真名井」は、瓊瓊杵尊が、天の牟羅雲尊に命じて、天から地上に「水の種」をもたらした泉の伝承が残る。藤岡山麓のご神木・ケヤキの

4　日本民俗調査報告書集成『九州・沖縄の民俗』宮崎県編、1971年、p.27

5　『太宰管内志』日向国二巻、1908年、p.32

6　『高千穂』財団法人観光資源保護財団刊行、1976年、pp.7-8

7　社名の「高千穂神社」は、1895年からである。『高千穂町史』高千穂町編、2002年、p.348

8　「桜川妙見社」は、「祭神　瀬織津姫神を祭る。此所十社宮の御旅所にて、毎年六月三十日神幸の地なり」、「忍穂井」は、「桜川妙見社畔にあり。此井、伊勢国なるは、眞名井と一所両名なる、此所なるは、二所なり。一名を「百丈の瀧」といへり。」と記されている。樋口種實『高千穂庄神跡明細記』1863年、pp.205-221　小手川善次郎『高千穂の民家他歴史資料』1991年、p.100再引用。

写真３　天の真名井

根本にこんこんと湧き出る不思議な湧水は、神代川に流れ込み、伏流水になって玉垂の滝→御塩井→真名井の滝→五ヶ瀬川へ注がれる。

天村雲命は、神代川の大明神とされて、『神社改書上帖』正徳３年(1713)に、「神代川大明神　天のむら雲命、水の種子三粒持下り、彼神代川に納給ふ所なり」と記されている。また、「天の真名井」(写真２)の水には、「此の水は天より下りし不増不滅の水なり……病あるに此の水を用ひて治し」といった、聖なる水としての記述が見られる[9]。

天村雲命と水の結びつきの関係は、天保10年(1839年)田尻摂津正により記述された「神楽」の「沖逢」に見られる。「そもそも東西南北より水出で流れ給ふ、常の如くにて御座候、青黄赤白黒にうちわけ五色の色にぞ出でながれ給ふものなりや　そもそも東方より出る水は青き色にて流れ給ふ　南方より出る水は赤き色にて流れ給ふ　西方より出る水は白き色にて流れ給ふ　北方より出る水は黒き色にて流れ給ふものなりや」[10]。

天村雲命が天より水を申し受けに登った時の「沖逢立歌」では、青黄赤白黒の陰陽五行の色を水にたとえて歌っている点は興味深い。

⑵聖なる山々と司水の神―八大龍王

滋賀県の御上神社は、「近江富士」と呼ばれる三上山(標高432m)山麓の野洲川を見下ろす位置に鎮座する。近江国の地誌『近江輿地志略』(寒川辰清、1734年)に、「近江の富士といふ。頂上に石仏の地蔵あり、龍王」という[11]。三上山の山頂に「八大龍王」を祀り、毎年旧暦６月18日に龍王祭を行う神体山である。

地元の人々の間では「三上山に雲がかかると雨が降る」という伝承があ

9 『日向国高千穂御神蹟　漸衰荒廃文献資料』「神社書上帖」高千穂保存会、1939年、p.305、p.132

10 『高千穂町史』高千穂町編、2002年、p.504「沖逢」

11 寒川辰清『近江輿地志略』上、歴史図書社、1915年、巻之六十六

る。『近江名所図会』(1815年)には、「三上山……山頂に八大龍王の祠あり。毎歳六月十八日龍王祭とて、遠近来つて登山す」と記されている。

養老元年(717年)「此所江御降臨」とあり、三上山に神が降臨したと社伝に伝わる。『三上社家政所置文案』(1312年2月5日)に「三上社神領山河之事　山千町河千町田千町」と述べられている。三上山と野洲川が神領として御上神社の支配下にあり、川魚を捕る簗場の分布地域があったとされる[12]。三上山と野洲川、そして田畑は、神の守護の神領であり、山と森、そして川をつなぐ自然空間観がうかがえるといえよう。

滋賀県の鏡神社は、神体山・鏡山(竜王山384m)の山麓に鎮座する。竜王山頂上の磐座には、貴船神社が鎮座し八大龍王(高龗神)を祀る。鏡山から流れる水は、山田川と足洗川として流れて、善光寺川で合流する。善光寺川は、「平日干川、深浅平地ナリ、常ニ水無」くとあり、天井川であったが故に干魃には、たびたび争論が起きていた。『滋賀県物産誌』(1878年)に「鏡山村　河流ノ疏通セザルニヨリ　灌漑ノ利ニ乏シク　旱害ヲ被フルコトアリ」[13]と記されている。

竜王町の人々は、干魃が続くと釜を持ってこの龍王山に登り湯を立てて「雨たもれオーイ、龍王オーイ」と唱える雨乞いを行ったという。このように、水源地の山々には司水の神々として、龍神[14]が祀られているといえよう。

(3)鎮守の森を廻る用水―「結界」と「実利」を探る

鎮守の森の周囲には、造られた用水路が流れていることがある。稲作や作物に欠かせない「実利の水」の秩序を守る意味と俗の世界と聖なる空間を仕切る「結界」の意味合いがあると考えられる。長浜市高月町東柳野にある大表神社の前は、余呉川の支流、磯野地区内の赤川に設けた井堰から引いた用水「磯野井」が流れる。農業用水路が境内の前を流れて、実利と結界の意味合いがあると考えられる[15]。

---

12 『野洲町史』1987年、pp.671-672、『三上のずいき祭り』ずいき祭保存会、2001年、pp.3-4

13 『竜王町史』下、1987年、p.440

14 龍は想像の動物で、中国では、雨を司る水神・農耕神が日本に伝わり、仏教の影響も受けて「八大龍王」等と呼称された。平川南「人と自然のかかわりの歴史」『環境の日本史』p.20

15 『伊香郡神社史』1981年、pp.40-44、『高月町の昔話』1980年、pp.105-107

写真４　大表神社の磯野井の水路

①滋賀県の御上神社の境内を流れる「神之井（こうのゆ）」は、「御手洗川」とも呼ぶ。三上村の灌漑用水で野洲郡と甲賀（こうか）郡の境近く、野洲川の「一の井」から取水し、御上神社の境内を流れ、水田など周辺の村々を潤す。「養老元年（717年）三上大明神野洲川え出現これあり……ただ今にては三上村一村の氏神に御座候、その頃は横田川より吉川浦まで三上大明神の御手洗にて、それゆえ神ノ井と申す」と伝えられている[16]。「神之井」は、灌漑用水でありながら、鯇（あめのうお）（ビワマス）やウナギなどが捕れる場所でもあり、地域の生活を支えた貴重な水でもあったという。また、広大な鎮守の森の中を流れるこの水は、結界の意味合いとともに樹木の生育にも大きな役割を果たして来たと考えられる。

写真５　奥石神社の小屋川

②滋賀県の奥石（おいそ）神社の境内には「小屋川」が流れる。繖山（きぬがさやま）（観音寺山）と箕作（みつくり）山によって囲まれた水が集まりやすい低湿地帯で、広大な森（約6 ha）と小川は、沼地の水を集めるために作られたと伝わる。社伝には「石邉大連欲止其地裂仰神助　多植松椙霊哉忽成森林大連大悦築神壇於森中奉乞於神座是最初也」とある。昔、地割れし水が湧く土地であったが石部大連（いしべのおおむらじ）が神の助けをえて、松、杉を植えたところ、森となったので大連は喜んで森の中に神壇を設けたという[17]。大連は、百数十歳まで生きたので、「老蘇（おいそ）の森」と称せられたと伝わる。

『近江輿地志略』（1734年）には、「地裂け湖となる頃、此地に松杉等の良木

16　和田光生「水と祭―近江における井堰灌漑地域の祭祀構造に関する試論」２『近江学』2009年、pp.50-61（再引用、喜多村俊夫『近江経済史論攷』1946年）。

17　『安土町史』史料編２、p 26、『鎌宮　奥石神社』1989年、p.7

を植りしに忽に森となる。老蘇森是也」[18]と述べられているとおり、人工的に造林された森と伝わる。古図(1850年)に「小屋川」が描かれているが、平成16年に氏子らによって奉納された境内図には、祭りの様子と神社の周囲を囲むように流れる小屋川は、やがて鎮守の森に流れ込むように描かれている。

写真６　奥石神社の境内図

③京都市にある松尾大社は、松尾山(223m)の麓に鎮座する。松尾山から流れ落ちる清らかな水が湧き出る「亀の井」は、酒を作る基水になるとされて酒造の神として信仰されている[19]。

写真７　松尾大社の一ノ井

５世紀末朝鮮半島から渡来した秦氏（はたうじ）は、葛野（かどの）の地を本拠として開拓に挑んだと伝わる[20]。

秦都理（はたのとり）は、松尾山山頂の磐座（いわくら）から現在の社殿の地に松尾の神霊を移し、701年創建したとされる。『秦氏本系帳』には、葛野川(桂川、保津川、大堰川)に葛野大堰を造ったことが記されている。秦氏は、一ノ井・二ノ井用水を作らせて、桂川岡十ヶ郷の灌漑用水路をひき、周囲を潤して開拓に貢献したと伝える。「畳石堰水」というように、石を畳み渡月（とげつ）橋辺りの水を堰き

18　寒川辰清(1734年)『近江輿地志略』上、歴史図書社、1915年、巻五十九

19　東流の清水で、真心を込めて酒を造ることと次のように記されている。「山田の米を蒸して、東流の清水を汲み一夜に酒を造り、大杉谷の杉の木を以器をこしらへ、諸神に供えて……この時より酒造命……酒を造る人ハ心持清浄にして利欲貪らす、正直第一ニ信心して酒を造るへしとしかいふ」『松尾大社史料集』文書編三、p.73　現在、春は中酉祭(醸造感謝祭)、秋は上卯祭(醸造祈願祭)が行われる。

20　上田正昭は、秦氏の原義を諸説があるが、最も有力な説は、朝鮮半島の南部の地名に由来するという。朝鮮語の海は、바다(pada パタ)という。『三国史記』の地理志に「波旦」(파단 padan)とあり、1988年３月韓国蔚珍郡竹辺面鳳坪里で発見された甲辰年(524年)新羅古碑に「波旦」と刻記されている。『東アジアのなかの日本』上田正昭、2009年、p.48、p.70

止めたとされる[21]。室町期の「松尾神社及び近郷絵図」には、松尾山の麓に鎮座する松尾大社と一ノ井・二ノ井が描かれている。一ノ井用水は現在、松尾大社の境内を流れる。

松尾大社の前方を流れる桂川は、水の恵みとともに渇水や洪水の歴史が繰り返された。桂川の洪水の難を免れることを祈る「御石塔神事」（2月1日）があった[22]。中世の渇水の時は、川の取水をめぐり集落の間には「一身同心」等と神仏に誓う郷村の契約があったという。すなわち、「久世・河嶋・寺戸の今井用水契約状」（1338年～1341年）や「山城国西岡五カ郷連署契状」（1497年）の契約書があるように、水の争いで訴訟もたびたび起きて、「修羅の闘争」といわれた。

江戸時代、角倉了以による丹波から嵯峨に至る改修で通船が可能になるが、桂川の取水をめぐる人々の闘いと連携は変わることなく続いたとされる[23]。

⑷川と鎮守の森

1）鴨川と神社

京都市貴船山（699.8m）の貴船神社は、鴨川の水源地に鎮座する。『延喜式』には、「貴布祢神社　名神大社」と記され、祭神は、水を司る高龗神とされる。『日本紀略』の弘仁九年（818年）7月14日条に、「遣使山城貴布祢神社・大和国室生山上龍穴等処、祈雨也」とある[24]。現在も雨乞神事（3月9日）の際、「雨たもれ、雨たもれ、雲にかかれ、鳴神じゃ」と唱えて、祈願するように、司水の神として信仰を集めている。

上賀茂神社は、「神山」の麓に鎮座する。『山城国風土記逸文』に「狭小あれども、石川の清川なり、石川の瀬見の小川」と記されている。『賀茂別雷神社境内絵図』（上賀茂神社所蔵）を見ると、水が社殿を囲むようにして

21　「石を畳み水堰き、上方の田地を養い、石の間の漏れ水をもって、下方の田堵を養うは、この河の大法、往古の規式なり」（権僧正隆禅等連署申状）『桂川用水と西岡の村々』1997年、pp.2-4

22　『松尾大社』p.59、pp.187-190

23　『桂川用水と西岡の村々』向日市文化資料館、pp.29-32

24　田中淳一郎「上賀茂社と貴布祢社」『上賀茂のもり・やしろ・まつり』大山喬平監修、2006年、pp.177-178

流れている。本殿は「御手洗川」と「御物忌川」が合流する中州に位置し、奥には高靇（たかおかみ）を祀る摂社「新宮神社」が鎮座する。

下流の「ならの小川」は、社家の前を「明神川」として流れて、屋敷を循環して東へ進む。「賀茂川の配水権は上賀茂神社にあり、水論の裁量権を有して、賀茂川の水は、近隣の田の用水のみならず、禁裏等の御庭にまで引かれ、御池の水の用をも足していた。」[25]というように賀茂川の水と上賀茂神社の深い関わりがうかがえる。

下鴨（しもがも）神社は、賀茂川と高野川の合流地点に形成される糺の森の中に位置する。下鴨神社古図（1661年～1672年）を見ると、川合の場所に鎮座するのがわかる。本殿の横は祭神瀬織津姫命（せおりつひめみこと）を祀る「井上社」があり、この湧水は、「御手洗川」に流れて奈良の小川、瀬見の小川と名を変え、賀茂・高野の二つの川が合流し鴨川となる。御手洗川の「足つけ神事（御手洗祭り）」は、水の清めの力により、無病息災になるとされる。

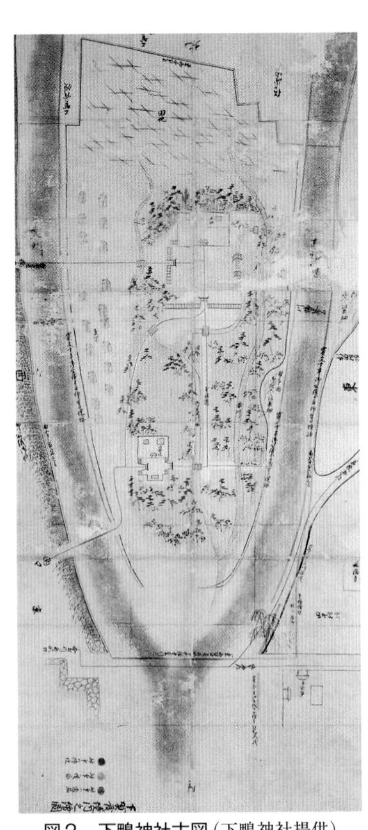
図２　下鴨神社古図（下鴨神社提供）

下鴨神社は、たびたび氾濫する鴨川の水害を受けた。昭和初期の1934年の室戸台風による倒木の後、樟の苗木を植えて植生も変わったとされている[26]。平安時代初期から江戸時代後期まで（802年～1865年）の京都の災害を分析した研究では「災害3438件の中、「洪水」782件、「旱魃・渇水」718件で、全体

25　橋本政宣「賀茂別雷神社と賀茂川」上同、pp.127-160

26　「昭和戦前期の京都市における風水害に伴う被災社寺の分布とその特徴―1934年室戸台風による風害と1935年京都大水害の事例―」谷端郷『京都歴史災害研究』第14号（2013）、pp.41-51

の災害の49.5％にも達する」という[27]。

2）奈良の川と「廣瀬大社」

奈良県河合町の広瀬大社は、大和川に飛鳥川、葛城川、曽我川、初瀬川等、奈良盆地に流れるすべての川が合流する地点に鎮座する。室町時代と推測される『和州廣瀬郡廣瀬大明神之図』（廣瀬大社所蔵）には、川に囲まれた社殿と鳥居等の荘厳な姿が描かれている。

『河相宮縁起』によると、里長・藤時に、北側の水が集まる危険な「水足龍池」に社壇を造るようにと神託があり、一夜で淵地が陸地に変化し、橘（たちばな）が１万本余り生えたことが天皇に伝わり、７つの社殿が建てられ、水足明神とも号したという。水が集まる危険な場所にあえて社を立てるように神託があったとされる[28]。当社の社紋は橘（たちばな）であり、今も境内に植えられている。

『延喜式』巻八、祝詞「広瀬大忌祭」を見ると治水の神様により、河の水が暴風や洪水に遭わず稲穂の恵みへの祈りがうかがえる。

「貴い神様が治めていらっしゃる山々の口から、勢いよく下し落とされる水を、下の農地で甘い水として受けて、天下の人民どもが耕作した究極の穀物である稲を、暴風や洪水に遭わせられることなく、貴方若宇賀の売の命様が立派に成育させられ幸いをお与え下さる……」[29]

現在、２月11日、砂を雨に見たてた「砂かけ祭」に受け継ぐように水の秩序と恵みを祈る空間位置といえよう[30]。

27　片平博文・吉越昭久・赤石直美他11名「京都における歴史時代の災害とその季節性」、京都歴史災害研究６、2006年、p.2

28　社伝『廣瀬社縁起』に、里長・藤時に一人の異人が現れて「私のいる家の北に大きい池（水足池を指す）があるが、その池の上に祠を造立すべし」と命じた。里長は「あの池は多くの流れが会して、広く青々とし深いので、祠を造ることはできません」と答えると異人は「我々はその池をして能く陸上に変えてやろう」と言い終えて姿を消したが、忽ち池沼が陸地に変わったとある。『河合町史』pp.307-308、pp.1025-1030

29　「皇神等乃敷坐須山山乃自口、狭久那多利尓下賜水乎　甘水登受而　天下乃公民乃取作礼留奥都御歳乎　悪風荒水尓不相賜　汝命乃成幸波閇賜者……」青木紀元『祝詞全評釈　延喜式祝詞中臣寿詞』2000年 pp.67-68、p.173

30　宮司祝詞奏上の後、苗代作り・苗代巡り・苗植えの順に所作を行う。拝殿を田圃に見立て田人が鋤き・鍬・ならし竹の順に苗代作りをした後神前に供えてある籾種を「良き種まこ。福種まこ」と唱えながら蒔く。その後、砂かけ祭りが拝殿の前の広場で行われる。（廣瀬大社HP参考）

3）福岡県那珂川と伏見神社・裂田（さくた）神社

背振山と五個山を水源とし、福岡平野を潤す那珂川沿いに「一の堰手」と伏見神社が鎮座する。祭神は、佐賀の川上峡（水源は、背振山）の與止日女神社の「川上大明神」を祀る同じ水源とする。同じ祭神を祀り、治水を祈ったと考えられる。一の堰手の下流に総延長5.5㎞の日本最古の人工水路「裂田溝（さくたのうなで）」があり、神功（じんぐう）皇后を祭神とする裂田（さくた）神社が鎮座する。貝原益軒の『筑前国続風土記』（1703年）に「一の堰手の上に「鯐淵」あり、国に異変がある時に必ずあらわれ、鯰を神の使として畏れる」、「裂田の溝の水上也。此水を引き、神田を造らせ……井手の幅80間あり、大井手也。……此水山田・安徳・東隈・仲村・五郎丸・松本・今光七村の田地、皆此堰手水を以て潤す」[31]と記されている。

一の井堰からの水は、山田の田畑を潤す。安徳に標高60ｍの台地があり、迹驚岡（とどろきのおか）[32]とされる岩があると、『日本書記』神功皇后（六）迹驚岡（とどろきのおか）（那珂川町安岡）[33]に記されている。

総延長約5.5㎞に及ぶこの水路は、７集落（山田・安徳・東隈・仲・五郎丸・松木・今光）の約150ha以上の水田を潤す水利の水である。そして、自然河川の風景を呈して、水辺景観を創出している。裂田溝は2003年～2007年「地域用水環境整備事業」にともなう護岸改修工事が行われた。山田地区延長444.9ｍ、安徳地区810.4ｍの遊歩道や散策路が整備され、親水公園も造られた[34]。

2017年には、裂田溝公園がオープンし、近隣の人々に広く利用されている。疏水百選にも選ばれている裂田溝は、集落や農地の実利だけではなく、景観を織りなし、地域活性化の重要な役割を果たすといえよう。

31　貝原益軒『筑前国続風土記』巻六　那珂郡下、1703年、p.134

32『郷土誌 那珂川 』1976年、福岡県筑紫郡

33「神功皇后が神田を定めて、儺の河の水を引いて、神田を潤そうと迹驚岡まで溝を掘ると大磐が塞がって溝を通すことができなかった。皇后は武内宿禰を呼び寄せて、剣鏡を捧げて神祇に禱祈を捧げて、溝を通したいと願うとその時、雷電霹靂（雷が急に鳴ること）して、その岩を踏み裂いて、水を通した。それで人はその溝を裂田溝というようになった」『日本書記』神功皇后（六）

34　裂田溝の「地域用水環境整備事業」については、那珂川市の都市整備部地域づくり課のご指示である。

４）佐賀県川上峡（嘉瀬川）と與止日女神社

写真８　川上峡と與止日女神社

與止日女神社（別称：河上神社）は、背振山（標高912m）から流れ出て佐賀平野を潤し、有明海に注ぐ川上峡（嘉瀬川）沿いに鎮座する。水利施設「川上頭首工」（1960年）が正面の方向の南側にある。祭神・與止日女大明神（神功皇后之妹、また淀姫さん、豊玉姫とも伝わる）を祀る。境内には、樹齢千数百年とも伝わる樟の巨木などが茂る。

『肥前国風土記』（713年）に「欽明天皇二十五年（564年）与止姫の神が鎮座なされた。……此の川上に石神あり、名を世田姫という。海の神、鰐魚を謂う。年常に、流れに逆ひて潜り上り、此の神の所に到るに、海の底の小魚多に相従ふ。人、其の魚を畏めば殃なく、捕り食べば死ぬことあり。此の魚等、二三日住まり、還りて海に入る[35]」と記された。ここは、口伝に「なまず」を淀姫さん・豊玉姫のお使いとし、食べないという。

当社では、８月下旬～９月上旬、佐賀市下流域の鍋島町の15の地区の人々が、稲や農作物の収穫の時期を前に、嘉瀬川の水の神様・與止日女神社に川の水の恵みに感謝の意を表す「川上参り」がある。川の水の恵みに感謝し、洪水や災害を鎮めて平穏を祈る「敬水」を儀礼に表すともいえよう。

⑸海と伝統の森

１）白砂青松の「虹の松原」

佐賀県にある虹の松原（230ha）は、唐津湾に沿って長さ約4.5㎞、幅500m、クロマツ林の虹の円弧を描くように連なる特別名勝の海岸林である（写真9）。古川古松軒の『西遊雑記』（1783年）に「唐津浦は名所虹が浦もあり……遠見するに濱の図形の如く虹を見る如し。此故、虹が濱といふなり」[36]と記されている。三保の松原（34ha、静岡県）、気比の松原（32ha、福井県）とともに日本三大松原の一つに挙げられ、野鳥やハマヒルガオの群生、

35　『肥前国風土記』pp.391-392（『川上読本』川上校区自治会、p.14、『大和町史』p.137）と記された
36　本庄榮治郎編『近世社会経済叢書』第９巻、改造社、1927年

100種類以上のさまざまなキノコが自生するという[37]。

写真９　虹の松原

虹の松原は、松浦川と波多(はた)川を改修させて、治水に多大な功績があった唐津藩の初代藩主・寺沢広高（1563－1633年）が、唐津の海風から領地を守り、新田開発のため防風・防潮林として約20年間（1595－1616年）をかけて作らせた松林である。『東松浦郡史』に「慶長年間、河原不毛の砂礫地を開墾して、水田四十参町歩余を得て、開拓地を新開と称した」と記す。虹の松原の数千万株の中に寺沢広高が最も愛した７株の松があり、その１本でも傷つける者は、人を殺すのと同罪に処するとされたので、人々はその禁令を畏れたと伝えられている。寺沢はあえて７株の松がどれであったか示さなかった[38]と伝わる。

鏡山は、朝鮮半島の新羅の攻撃を受けた百済を助けるため、出船した大伴(おおともの)狭手彦(さてひこ)との別れを惜しんだ妻の弟日姫子(おとひめこ)（佐用姫）が布を振った伝説の地として知られる。鏡山からは、虹のように広がる松林が遠望できるが故に、古くから和歌等に多く詠まれている。

・遠つ人松浦佐用姫　夫恋に　領巾振りしより　負へる山の名　（『万葉集』八七一）

・海原の　沖行く船を　帰れとか　領巾振らしけむ　松浦佐用姫（『万葉集』八七四）[39]

鏡山の麓に鎮座する鏡神社は、寺沢広高の墓があり、また、虹の松原と文化的つながりがある。『太宰管内志』に「昔は祭りの日に神輿虹の松原まで御幸あり」と記す[40]。今も鏡の人は、虹の松原の松の枝数本を海水で

37　田中明「虹の松原～行政と市民協働で「白砂青松」の風景を再生『海岸林としての共生』2011年、pp.124-127

38　『東松浦郡史』1925年、pp.199-202、『鏡村史』1925年、pp.33-34、松代松太郎『賢君寺沢志摩守』1936年、p.72

39　稲岡耕二、和歌文学大系２『万葉集』(二)2002年、p.237、p.239。また、『佐賀県写真帳』（1911年）には、「領布振山、頂上に登レハ遠く近く四方の好景……佐用姫別離の情ニ、領布ヲ振り、向に夫狭手彦の船」等と詠われた。

40　『太宰管内志』下巻、1908-1910年、pp.104-105

清めて神棚に供え、その一枝を鏡神社にも奉納する「お汐い松」がある。このように、鏡山―鏡村（鏡神社）―虹の松原は、有機的につながっていることは、鏡山からの眺めからもうかがえる。

2）神の島―青島

宮崎県青島は、周囲1.5㎞、面積約4.4haの全島が、青島神社の境内地である。1737年まで、一般人の入島は許されず、神職や島奉行の役人のみ入島が許された[41]。社伝に、彦火々出見尊が海宮より帰る際、この島に着き、豊玉姫の産屋の仮宮居を定めたと伝えている。周囲はビロウ（蒲葵・枇榔樹）に覆われて、樹齢は300年を越すものもあるという。

参道と島の周囲をめぐる砂浜以外は立入が禁じられて、台風で木々が倒れてもそのまま置くのが決まりという。かつて、宮崎出身の詩人・若山牧水は、「檳榔樹の古樹を想へその葉蔭海見て石に似る男をも」（明治40年７月）と詠んだ[42]。対岸の青島浜からは、海の中に浮かぶビロウの木々が茂る神の島にふさわしい神々しい風景が広がる。

青島の周辺は、中新世後期の約700万年前に海中でできた水成岩が隆起した「鬼の洗濯板」と呼ばれる波状岩が広がり[43]、魚などの良い隠れ場所でもある。青島から天神社辺りの海は豊かな漁場にもなり、伊勢エビが最もよく捕れるという。

青島周辺は、タイ、カツオ、サワラ、ハモなど、宮崎屈指の水揚げがあると漁師らは誇らしく語る。地元の漁師によると、秋の海が暗い新月の夜は伊勢エビなどがよく捕れて、

写真10　鬼の洗濯板が広がる青島

41　青島は、元文２年（1737年）宮司長友肥後が藩主に自由参拝を訴願以来、参拝できた。青島の背後に島があり、約200戸の下加江田村があったが、外所大地震（1662年）で全島が海没したという。『宮崎県神社誌』1988年、pp.104-105。大自然に対して畏敬の念と防災の大切さを後世に伝えるため、1701年以来、50年ごとに供養碑を建立。現在、管理は、西教寺である。

42『郷土史　青島』p.6

43　宮崎市観光協会　ホームページ

1日100kg捕る人もいるという。1737年まで、禁足地であり、豊かな森が守られて、信仰を集めるとともに、「魚付林（うおつきりん）」の役割もあると考えられる。

第二章　祭礼における「敬森・敬水」の考察

祭りになると山・川・海に生かされて人間社会の自然への畏れと感謝がうかがえる。そして、地域社会の融合と普段は意識しない循環する自然の連続性が浮かびあがる。山・川・海の鎮守の森に鎮座する神々と祭りを中心に「敬森・敬水」を探りたい。

⑴秩父神社と今宮神社の田植え祭り

写真11　今宮神社の水分神事

神体山・武甲山（1304m、別名妙見山）[44]の麓に鎮座する秩父（ちちぶ）神社と秩父今宮神社は、「水分祭」（田植え祭）を同時に行う。今宮神社は、今宮坊古地図（1759年）に描かれた龍神池や武甲山伏流水が流れるとされる「清龍の滝」[45]があり、水の信仰を集める古社である。『秩父志』（1814）に「田植神事水引ノ池ハ字今宮ニテ八大宮本社社殿前……毎年二月三日神事式ノ節社役祝人此所ニ来り奉幣シ水ヲ引来入ル式アリ」と記された。

4月4日水分神事[46]は、武甲山の伏流水が流れるとされる龍神池がある今宮神社で行う。秩父神社から「お水乞いの行列」が中町を経て、秩父今

44　名山・武甲山は『武蔵国郡村誌』秩父郡に「一条の渓谷より発し郷の南界を湾流して荒川に入る。昔日本武尊東征の日此山に登り武具を納め山神を祭る因て武甲山と称あり」と記された。1923年から秩父セメントによる掘削が始まり、山の一部が削られている。

塩谷崇之は、「秩父の人々の心の故郷と言われたこの山が近代化と高度成長期の中で、山頂が爆破されて、現在も岩肌が崩れていることを人々は心を痛めて、採堀の中止を求める声が高まっている」と語る。「秩父夜祭のルーツ武甲山今昔」（神道国際学会の季刊誌『神道フォーラム vol.59』 8月1日）

45　「清龍の滝」（環境省指定平成の名水百選）の水は、戦後水脈が断たれて涸れたが、2003年氏子崇敬者らの篤志により、もともと滝があった脇に井戸を掘り、湧き出た水を滝に落として復元された。

46　秩父神社の田植え祭りは、『秩父大宮妙見宮縁起』（1802年）に、「二月三日の日は五穀百品種蒔きの行事」と記されている。また、『新編武蔵風土記稿』（1804-1829年）に「二月三日御田植の祭りとそれまでは女の業絹木綿など織ることをせず」とあり、祭り前の農家は仕事を慎むと記されている。

宮神社に向かう。「水分神事」により、秩父今宮神社の水神の分霊が、秩父神社の「水麻(みずぬさ)」に授与される。

授与された「水麻」は、秩父神社の鳥居に水田の水口に見立てた龍神の形の縄「藁(わら)の竜神」の口に奉る。そして、水の神「藁の竜神」を迎えた秩父神社では、「饗膳の儀」と田植歌に合わせて農耕の所作を次々と再現しながら、「一本植えると千本になる」などの意味合いの田植え歌を唄う[47]。

「藁の竜神」の縄は、12月３日の秩父神社の例祭のご神幸の先頭の大榊に藁(竜神)を巻き、後ろへ神輿・笠鉾などの壮大な行列が続く。武甲山の神(男神)と秩父神社の(女神)との年一度の逢瀬という神話を再現するともいう。

春に招迎した武甲山の水の恵み(竜神)を秋に鎮送する壮大な神幸祭は、武甲山と地域社会が循環する水を通しての連続性を祭礼で表す[48]。聖なる山の森と水への信仰の「敬森・敬水」を祭礼として表すもいえよう。

⑵松尾大社の桂川の船渡御

京都市にある松尾大社の松尾祭は、『公事根源』に「松尾ノ祭同日貞観年中(859－877)始まる」と記されている[49]。現在と変わらない桂川渡御と河原祭場に神輿が並ぶ風景が『都名所図会』(1780－1787年)に描かれている。

現在、神幸祭・船渡御は、月読社(唐櫃)を先頭に、四之社・衣手社・三宮社・宗像社・櫟谷社・大宮社の６社の神輿が松尾大社に次々と入る。各神輿は、本殿の分霊を受けて、拝殿を３回廻った(拝殿廻し)後、順次社頭を出発する。集落を通って、松尾大社から最も下流の桂離宮付近の桂川岸に着くと、神輿と氏子は桂川を次々と船で渡り、左岸堤防下で７社勢揃いして、古例の団子神饌を献ずる。

江戸時代の『年中行事大成』に、「今朝、下桂、川嶋、下山田の三村より、具足を鎧たるもの、各七人宛旅所詣す……船に乗り西の岸につく……葵蔓を飾る、行列の先頭に榊二本を持ち、其一つには翁の仮面を付」[50]と記さ

47 「御代ノ永田ニ手ニ手ヲ揃ヘテ急ゲヤ早苗手ニ手ヲ揃ヘテ　一本植ウレバ千本ニナル神ノミタマノ御年ノ苗」『秩父神社御田植神事』pp.32-51

48 ご教示くださった薗田稔先生と塩谷崇之先生に感謝したい。

49 『公事根源新釈』下　関根正直著、1925年、p.10

50 『古事類苑』神宮司庁編(古事類苑刊行会、1930年)、「年中行事大成」pp.1390-1391

れている。

写真12　松尾大社の船渡御：桂川

このように川を渡り、川沿いの臨時祭場で団子神饌を行うことは、何を意味するだろうか。筆者は、かつて葛野（かどの）川（桂川）の水をめぐり、毎年のように繰り返された「洪水・渇水」における水との戦いと連携と深く関わると考える。すなわち、水の秩序への祈りと自然環境と地域社会における「融和の構図」—桂川・地域社会・松尾大社—と桂川の水への感謝を表しているのではないだろうか。

⑶奈良県の神幸祭—大和神社のちゃんちゃん祭り

奈良県天理市の大和（おおやまと）神社は、龍王山（標高585.７m）の麓に鎮座して、拝殿は、龍王山に向いている。龍王山から流れる水が拝殿の周囲の溜池（南池・北池）に集まり、神社を囲むように配置されている。溜池の水は、川の少ない地域の周囲の水田・畑の貴重な水である。境内に司水の神を祭る摂社・高龗（たかおおかみ）神社が鎮座する。

大和神社の水との深い関わりは、例祭「ちゃんちゃん祭り」（４月１日）に表れる。長柄地区などの氏子らの頭屋、稚児など行列は集落を経て、龍王山の麓の中山郷大塚山の御旅所（大和雑神社）を往復し、神輿渡し＝通称「お渡り」をする。御旅所では、大字兵庫の子供による「龍頭の舞」の後、集落の年長者たちがカシの葉を握り空に向けて撒く「翁の舞」をする。その際、恵みの雨が降るようにとの意味合いを込めて「オーミタラシ（大御手洗）ノカミ」と唱える。

また、９月23日「紅幣（べにしで）踊り」には、満願雨乞い歌と踊りがあり、「ここはどこ、ここは大和森の下　東を遥かに見上ぐれば　世にも稀なる龍王山の　龍王の神こそ雨降らす　げにや水神名所なり」と謡われる[51]。

51　大和郷９つの字では旱魃の際、男たちの雨乞い・「白幣踊り」があったが、大正４（1915）年に中断した。昭和33（1958）年に朝和婦人会による「紅幣踊り」として復活した。『大和神社の祭りと伝承』1988年、p.17、pp.170-171

写真13　大和神社のちゃんちゃん祭り

⑷滋賀県の神幸祭─御上神社の祭り

御上（みかみ）神社の５つの宮座（長之家、東上座、東下座、西上座、西下座）により里芋の茎＝ずいきで作る神輿（通称「お菓子盛り」）から由来する「ずいき祭り」がある。野洲川の水の恵みへの感謝を表す神事といわれる[52]。祭りの５日前は、甘酒神事（献江鮭祭（あめのうおまつり））が行われ、甘酒、めずしとビワマス＝鯇（あめのうお）（現在は鮭（さけ）を奉納）などを供える。琵琶湖に注ぐ川の中で最長であるため「近江太郎」とも呼ばれる野洲川には、かつて堰を止めて魚を獲る定置漁具─簗（やな）が数多く設けられていた。

野洲川は、神領として御上神社の支配下にあり、定置網を仕切る「簗衆」が御上神社の祭祀に深く関わった歴史がある。御上神社の古文書（1661～1673年）には「九月九日ニ大明神へ備二鰍ノ魚ヲ一、此魚ヲ野洲川ニテ取也……三上明神之氏子、此故ニ九月九日迄ハ不レ食レ鰍ヲ」[53]と記されて、氏子は祭りが終わるまで鯇（あめのうお）を食べないと記した。野洲川の恵みの象徴である魚を御上神社の神に供えて川への感謝を表すと同時に、限られた魚の資源を制御して集落の葛藤を防ぐ「種の保存装置」であったともいえよう。

⑸滋賀県平塚天神社のおみき

長浜市平塚町の天（てん）神社は、伊吹山の麓、平塚集落の中に位置する。村の

52　和田光生は、祝宮静の「野洲川の灌漑用水としての価値は漁場としての価値を遥かに凌駕するものであろう」（「近江国野洲川簗漁業史資料」『日本常民生活資料叢書』第18巻）を引用し、「ずいき祭りは、野洲川の農業用水の水源に感謝を捧げる神事だった」という。『近江学』2009年、p.61

53　簗をめぐり、さまざまな争論が起きて、1541～1561年の間、ずいき祭りが中断されたこともある。『野洲町史』pp.671-672、『三上のずいき祭り』1991年、p.5、p.108

奥の年中清水がこんこんと湧き出る「万土池(まんど)」から流れる小川は、かつて、飲料水・農業用水として大切に使われた。ここは、お正月以外の毎月１日「おみき」という行事があり、まず村を流れる小川を清掃してから、当番になった神主の１軒が、酒と肴(さかな)２品を神前に供えて、水の恵みに感謝の念を捧げる。その後、参加した人々は、拝殿の前で、お下がりのお神酒と肴を楽しみながら談話する。お互いの健康を祝い、無事を祈る村人の憩いの時間と場所となる。雨の日も雪の日も400年余り、欠かしたことがないという。

写真14　平塚天神社「おみき」の水路の掃除

平塚天神社の鎮守の森は、滋賀県緑化推進会の森の再生支援を受けて(2013～14年)林内整備が進められ、下草刈りや花木の植栽などが行われた。以前は、暗い森であったが、小高い丘から見晴らしがよくなったという。過疎化が進む地方の鎮守の森の再生の事例ともいえよう。

⑹高千穂神社の「浜下り」

宮崎県にある高千穂(たかちほ)神社の例祭「浜下り」は４月16日に行われる。高千穂神社から神輿２基と猿田彦神、神面隊、棒術組、神楽組などの壮大な行列は、集落を経て、高千穂峡断崖の谷の坂道を下り神幸する。行列が御塩井(おしおい)・おのころの池に着くと、神輿２基を担ぐ若者は勢いよく池を３度回って禊を行う。その後、神輿は、玉垂(たまたれ)の水神の前に安置される。玉垂の滝から落ちる水を用い、フジの蔓で作った茅の輪で、神楽などの道具を清める「鬼の目かずら」の儀式が行われる。そして、３人舞の神楽「式三番」の「神颪(かみおろし)・鎮守・杉のぼり」が奉納される。玉垂れの神事の後、神

写真15　「鬼の目かずら」玉垂れの清め

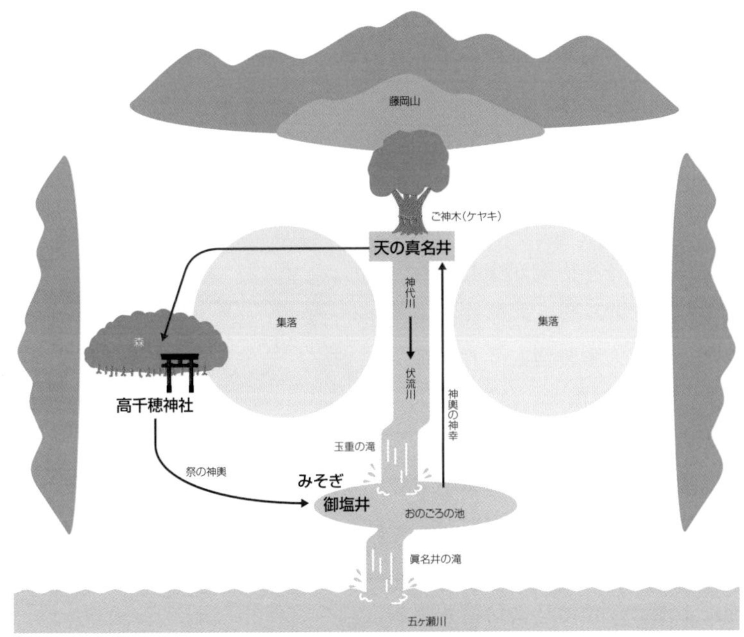

図4 高千穂の水と概念図

輿や行列は再び断崖の坂道を上り、集落を経て、神代川の「天真名井(あまのまない)」まで神幸する。ここでも鬼の目かずら、神楽の奉納の儀式が行われる[54]。

この御塩井への浜降りは、正徳３年(1713年)の『神社改書上帖』に「御塩井大明神……御祭礼　６月29日、十社御濱出之所」[55]と記されているように古くからあったと考えられる。

祭礼の神輿や行列が、「高千穂神社→御塩井・おのころの池→神代川沿い天の真名井」を巡幸することから、聖なる水による「清め」と循環する「水」の恩恵に感謝を表す祭礼と位置づけられるだろう。すなわち、「天の真名井の水→神代川→玉垂の滝→五ヶ瀬川」へと空間を循環する水が、祭

54 『高千穂の夜神楽』高千穂町教育委員会、p.31
55 『神社改書上帖』は、十社宮神主・田尻隠岐守が記録したものである。藤寺非寶『日向国高千穂御神蹟漸衰荒廃文献資料』高千穂保存会、1939年、p.130。また、高千穂神社の由緒・縁起『十社宮縁起』には、「御宮山より十七、八丁南に龍神と申所なり……十社大明神六月二十九日、夏越の御祓にて御遊行し給ふ処也。瀬織津姫命、御社の後より落ちる清水、百丈の瀧」と記された。「御用の旗が日向路を行く」第４部伊能忠敬『測量日記』から p.154、p.157(再引用)

礼を通してそれらの空間を結び、浮かび上がらせて、周囲の自然環境を参加者が再認識する時間になっているのではないかと、筆者は考える。

⑺青島神社の「海を渡る祭礼」

写真16　青島神社の海を渡る祭礼

宮崎県にある青島神社の浜降り神事「海を渡る祭礼」は、青島地区の満23歳の青年男女が中心に行われる[56]。祭りの初日、神社を出発した「弁財天の神輿」・「青島様御輿」・「恵比寿様神輿」（青年御輿）は、弥生橋を渡り、集落約十数カ所を巡幸する。その後、神輿を乗せた「御座船」を先頭に満艦飾の大漁旗などで飾った数十艘の漁船群が、青島を一周して、青島・白浜海水浴場の浜で、神輿は海水で清められる。そして、折生迫（おりうざこ）の入江の御旅所である天神社に１泊、翌日神社に帰還される。

「恵比寿様神輿」の神輿を担ぐのは、満23歳までの青年たちで、観衆が最も盛り上がる御輿を勢いよく振るう「暴れ」と言う役割を担う。主催の女性たちは、後方で怪我人の救援などを行い、重い神輿担ぎで苦労する若者に「がんばれ」と声をかけることを常に忘れない。

真夏の中、丸２日間200kg余りの神輿を担ぐのは、相当なエネルギーを要し、怪我人が出る時もあるという。青島地区ではこの祭りを無事終えたことで、一人前の男子として認められる「通過儀礼」の意味がある。参加した地域の方によると、「この神輿担ぎを乗り越えたら、人生のどんな困難も乗り越えられそうな気がする」と語る。

集落のすみずみへの神輿の巡幸の際、氏子の唄子による「浜下り唄」も見逃せない。この歌は、1948年からの「海を渡る祭礼」が始まる際、当時の宮司・長友友隆氏によって作られたという。「此処は青島波紫の中に浮

56　旧暦６月17日、18日行った古い祭礼で、神輿が集落を巡幸したという。昭和23年から「海を渡る祭礼」は、漁師の発意で青島神社の御祭神（彦火火出見命）の御霊を海積宮にお連れする故事から始まったという。

島八重畳……神の宮居を守れるビローその葉広々末栄ゆ……玉の御井戸の御玉水のみしるしあらたか有難や……今年しゃ良い年穂に穂が付いて道の子草も米がなる五十鈴川下……かつおが大漁浦のさざ波かね寄せる……」と歌う。

現在の宮司・長友安隆氏は、「地域の空間の浄化と、若者の成人儀礼等、さまざまな意味合いが重層的にある」と語る。青島神社の浜降りは、「清め」と「通過儀礼」における先輩から後輩への文化の伝承等のさまざまな意味合いの神事といえよう。

祭りについて薗田稔は、「集団の融即状況(コミユニタス)において、世界観が実在的に表象する」[57]という。空間を移動する神幸祭は、人間社会を囲む限られた自然環境を再確認する時間であり、「集団の融和」、若者の「通過儀礼の実在性(リアリティ)」が見出されるのである。

⑻祭りに表れる山・里・海の連続性

1）福岡県鮭神社の鮭祭り

福岡県の鮭(さけ)神社は遠賀(おんが)川上流の大行司(だいぎょうじ)山の麓に鎮座し、祭神は、彦火火出見尊(ひこほほでみのみこと)（山幸彦）・豊玉姫命(とよたまひめのみこと)とその御子鸕鷀草葺不合尊(うがやふきあえずのみこと)を祀る。地元では、海の神・豊玉姫が山幸彦神と御子のため、遠賀川下流の鮭を鮭神社付近まで行かせると伝える。『筑前国続風土記』（1709年）[58]には「大隈村の産霊也。鱖(さけ)を神に崇(あが)むと記せり。社内に石一箇有り。是鱖を埋ミたる印なりと云」とあり、鮭祭りの後、古くから鮭を埋めたとされる。

写真17　鮭神社の祭り
奉納した鮭は塚に埋められる

境内に建てられた「鮭塚石碑」（1764年）には、「説曰為海神使毎年鮭来此処、童子殺之爰大隅驛福沢氏当社献之産人欲残末世建験矣　明和元年（1764年）吉日」と刻まれている。すなわち、海神の使者・鮭が毎年この地に来るが、子供が誤っ

57　薗田稔『祭りの現象学』1990年、p.64
58　貝原益軒（1709年）『筑前国続風土記』文献出版、1988年、pp.19-20

て鮭を殺したので、大隅の駅の福沢氏が産子の人たちに後世にまでその故事を伝えようと建碑したという。

遠賀川流域は、昭和初期に石炭産業の影響で「黒い川」と呼ばれ、鮭の遡上がなくなったため鮭の献上も途絶えて、鮭献祭はダイコンを鮭に見立てて供えたという。しかし、炭坑閉山後の1978年、鮭祭りの当日、１匹の鮭が遠賀川の下流に戻ったことで、約50年ぶりに本物の鮭を奉納した。

1979年、「遠賀川に鮭を呼び戻す会」が結成され、鮭の稚魚の放流を始めたという[59]。現在は、「遠賀川源流サケの会」により、毎春、遠賀川の流域各地で鮭が放流される。NPO法人「遠賀川流域住民の会」は、源流地の馬見山の植樹、遠賀川流域の多自然型川づくりなどを活発に展開している[60]。

12月13日に行われる献鮭祭には、地域の人々や全国各地から鮭と関わる関係者の鮭を奉納し、「鮭塚」に鮭が埋められる。鮭は、河の水を媒介して、山と海のつながりを象徴するといえよう。興味深いことは、鮭神社の氏子や子供でも、決して神の使い・鮭を食べないという。神話に基づいて、源流の山と遠賀川の再生・保全に取り込み、遠賀川に鮭を放流している。神の使いの鮭を供えることは、山・川・海における「循環の世界観」を表す祭礼ともいえよう。

２）福岡県・志賀海神社

志賀海(しかうみ)神社は、博多湾の志賀島(しかのしま)[61]に鎮座する。海の表と中、そして底を司る表津綿津見神(うわつわたつみのかみ)・仲津綿津見神(なかつわたつみのかみ)・底津綿津見神(そこつわたつみのかみ)を祭神とする。『古事記』に「三柱の綿津見神は阿曇連(あずみのむらじ)等の祖神と以ち伊都久神なり」、『万葉集』七(1230)に「ちはやぶる金の岬をすぎぬともわれは忘れじ志賀の皇神」と謡われた。志賀三山(勝山・衣笠山・三笠山)があり、神社の横に天龍川が流れて、勝馬、弘、志賀島の３地区がある。13～14世紀の「志賀海神社縁起」には、神功皇后の説話と現在と変わらない社景が描かれている。

---

59 『遠賀川ものがたり』遠賀川工事事務所、1995年、p.27、「遠賀川源流サケの会」HP 参考

60 NPO法人遠賀川流域住民の会の HP 参考

61 志賀島は、江戸時代(1784)に「漢委奴国王」刻まれた金印が発見された。『後漢書』倭伝に建武中元二年(57)「倭国の極南界なり。光武帝が倭国に「印綬」を与えた」と記されている。(福岡博物館HP参考)

志賀海神社では、春は４月15日に「山誉種蒔漁狩祭（やまほめたねまきかりすなどりのまつり）」、秋は11月15日に「山誉狩漁祭」という特殊神事が行われる。春のみ、育民橋で稲籾（いねもみ）を蒔いて、豊作を祈願する。大宮司一良が「ことなき柴」の枝を折り採って、志賀三山を祓う。別当一良が「ああらよい山、繁った山」と三山を褒める。盛り砂に狩股（かりまた）（先が二股に分かれた鏃（やじり））の矢を放し鹿を射る作法があり、「鹿狩の唄」[62]が歌われる。さらに「志賀三社志賀大明神のみちからをもって一匹たりとも逃しはせぬ」の掛け声とともに鯛（たい）を釣る所作が演じられる。

写真18　秋の「山誉漁猟祭」盛り砂に矢を放つ

山を祓い、山を褒めて感謝し、稲を荒らす動物を駆除し、魚を捕る仕草を演じる――山と海のつながりの壮大な環境空間観が表れる祭礼といえよう。

３）沖縄の祭り～山・里・海のつながり

①沖縄県国頭村字比地小玉森の海神祭（ウンジャミ）

小玉森は各門中の象徴のアカギの御神木が数本とさまざまな木々が茂る森である。旧暦７月盆後の初亥に海神祭があり、各門中のご神木の赤木の下に、一族が集まりお供えと線香をたてる。比地の海神祭は、決められた家筋の人による神役となる。

女性の神人は、海の神（山城、大城門中）・山の神（山川門中）に扮して祭礼を行う。神遊びは、山の神が鼓を打ち、海の神が円になって立つ。木を伐採して船を造り、帆を上げて大和の船旅に出て無事に帰って来ることを願う、航海安全の意味合いの「曲玉買いに大和旅に出る」を謡いながら２歩進み２歩退く動作の神遊びをする。縄を船に見立てた「船漕ぎ」儀式を行う[63]。

62　「鹿狩の唄」に「山は深し木の葉茂る。山彦の声か鹿の声か存じ申さぬや」（一の禰宜）、「一の禰宜どの。こは七日七夜の御祭、御酒に食べ酔い、臥って候。七頭八頭お髪のまえを通る鹿、なんとなさる」（二の禰宜）、参考：『日本の神々』神社と聖地１　九州、pp.118-127

63　大部志保「稲魂の送迎と祖先祭祀について -- シヌグと海神祭（ウンジャミ）と」『西南学院大学大学院文学研究論集』(24)、2005年、pp.465-532

最後に、山の神から海の神への贈り物とされるもち粉でまぶしたシークヮーサーを皆に投げる。勢頭神役の男性は、弓矢でイノシシに見立てた籠を射る「猪取り」を真似た儀礼をする。そして、「鏡地」の浜でパパヤイヤに鼠を入れて海に流し、お祓いする。祭りの最後、かちゃーしの歌舞は、神への思いと祈りや海神祭を見ることで災いが晴れると歌う。

写真19 「猪取り」

「今年の海神祭は、そこそこでした。来年の海神祭はさらに盛大でしょう。海神祭になると比地アサギに登って　神遊びを見て三つの厄もはれるだろう」[64]。

②安田のシヌグ

安田集落[65]は、伊部岳山麓に広がるササ、メーバ、ヤマナスの三つの山に包まれ、集落を回り込むように安田川(上の川、ヒンナ川、幸地川)が流れる。前面に広大イノー(礁湖)が広がり、安田のわらべ歌「いった父や」に「父と兄は、海に魚を捕りに、母と姉は、畑に芋を掘りに」と歌われるように、山・川・里・海の自然環境に恵まれている。

旧暦7月初亥の日に集落の人ほとんどが参加する「シヌグ・海神祭」(凌ぐ／災いを凌ぎ、無病息災と五穀豊穣を祝う意味)が行われる。隔年開催の大シヌグは、神アサギで新しく作った神酒を供えて、神人等の祈願から始まる。午後、男達は山に登り神の霊力を身につける「ヤマヌブイ」を行う。メーバ、ヤマナス、ササの三つの山に分けて登って、草

写真20「ヤマヌブイ」

64　『やんばるの祭りと神歌』1997年、pp.289-299
65　安田村は、近年まで、薪・木材を出す山仕事に従事が多く、山と深い関わりのある。山の恵みの猪をはじめ、広大の海からは伊勢エビ、タコ、モズクなど、さまざまな魚介類や海藻が捕れる。『国頭村　安田の歴史とシヌグ祭り』宮城鉄行、1993年、p.77

や木の枝を身につけて山や海の神に祈り「草装神」の一日神となる。

集落に戻り、「エーヘーホーイ・スクナーレー」と唱えて田畑や人々を祓う。その後、安田の浜で身につけた草などを海に捨てた後、川で禊の後、上の川で禊の後、旗頭を先頭に神アサギに戻ると神人や女性たちが喜びの踊りカチャーシーで迎える。

夕方、神アサギの庭で、田草を捕れば飯が食べられるという「田草取り」の歌と動作、神アサギに向かって船に見立てられた丸太を屋根にぶつけて、船造りの祈願とされる「ヤーハリコー」を行う。なお、翌年のシヌグングヮー海神祭は、「ヤマシシトエー(猪捕り)」や「ユートエー(魚捕り)」を行う。また、毎年行う、女性たちの壮大な歌と踊りの神遊び「ウシデーク(臼太鼓)」がある。最初に歌う「入羽(いりは)の歌」には、安田の米や焼き畑で採れた芋で造った神酒、神の世果報(ユガフ)が唄いこまれている[66]。

このように、シヌグは、男たちの「ヤマヌブイ」による祓いと女性たちの「ウシデーク」という神遊びの二つを基盤にしており、「大シヌグ」には、「田草取り」「ヤーハリコー(船造りの祈願)」、「臼太鼓(ウレデーク)」がある。そして、「シヌグングヮー」は、「ヤマシシトエー(猪捕り)」「ユートエー(魚捕り)」「臼太鼓」が行われる。安田の山・川・里・海の自然環境の連続性と神・人間・自然環境のさまざまな「生の営み」を劇的に演じる儀礼とも考えられる。

写真21「ウシデーク」

安田の人々は、シヌグは「誇りの文化」だと語る。沖縄の多くの御嶽の

66　1 なはめーふっすう　ちょうふっすう　ちじんからち　たぼり　よねよねあしり　　ひてみてうぇーさびら(ナハメの大お爺さん太鼓を貸してください一晩遊んで朝返します)　2 うむしるさかばさ　あだぐみぬまみち　うるみせるしゅにん　ひゃくさみそり(芳ばしい安田米で造った神酒　それを召し上がる諸人は百歳まで長生きして下さい)　3 あだぬかみアサギ　くがにどるさぎて　うりがあかがりば　みるくゆがふ(安田の神アサギに黄金の燈籠を揚げてそれが明るく輝いたら　豊年世果報だ)　4 あらじばるあきて　やきうむぬうみち　しぬぐみちたりて　かしぬうみち(荒地を拓き　焼き畑からとれた芋で造った神酒　シヌグ神酒を作り、大いに飲む神酒)…・」『あらは』安田史誌編さん委員会、2014年、p35-36

祭りは、特定の神人を中心に行われるのが多いが、人口減少や神人が途絶えてしまい祭りが衰退しているなど、課題も多い。安田のシヌグは、地域の人々のみならず、郷友会や海外の人まで受け入れる、いわばオープンな参加が許されている。こうした点は、他所の御嶽文化にも示唆(しさ)に富むものであろう。

第三章 「伝統の森」と持続保全―「親森(しんさん)・親水(しんすい)」の共生

⑴松林の持続保全と共生

①虹の松原の保全活動

痩せ地を好む松は人間社会と共存してきたとされる。明間民央は、「クロマツは、防災と資源供給二つの機能を発揮する貴重な共有財産として大切に管理された」[67]といい、松林と地域社会の共存を指摘している。小川真は、「松は痩せ地を好み、細根の広がりと働きで栄養を取り、逆に土地が肥えると衰弱する」と指摘した[68]。また、中村克典は、「元気な松は、樹脂（松ヤニ）生産され、害虫は産卵ができない」という[69]。

すなわち、「松葉かき放置→松・共生菌根菌消失→松枯れ・衰弱→広葉樹侵入→「白砂青松」の風景の消失」という構図で、松葉かきは元気な松の保全に重要である。

クロマツ100万本を誇る虹の松原は、官・民における元気な松林の維持のため、松葉かきなどの保全運動が活発である。かつて、「松葉かきをしていた頃は、（キノコの一種である）松露(しょうろ)がよく採れて地域の人々の貴重な現金収入源になった」という[70]。しかし、家庭で燃料などに使われた松葉も必要がなくなり、松葉かきはしなくなった。

67　明間民央「松林と菌根菌」『グリーン・エージ』第32巻第３号、2005年、pp.8-10

68　「菌根がなくなると水分・栄養吸収力が衰えて、マツは病原や害虫に対する抵抗力を失って、松くい虫等の抵抗ができずに死んでしまう」という。小川真『炭と菌根でよみがえる松』2007年、pp.64-65、pp.110-112

69　中村克典「海岸林はこんな問題に直面している」『海岸林としての共生』2011年、p.139

70　「松露(しょうろ)は、外見が茶色の『麦松露』と白みの多い「米松露」があったという。食法は、松露飯・松露寿司・吸い物などがあるという。」野本寛一『共生のフォークロア―民俗の環境思想』1994年、p.78

そして、松枯れや「白砂青松（はくしゃせいしょう）」の風景を再生させようと、官（国、県、市）を中心に地域社会が一体となって行っている[71]。広葉樹への更新を防ぐため、保全区間を決めて、松葉かきや雑草抜き等を行い、集めた松葉は、農家の苗床に使用するという。

写真22　地域住民の保全活動

日々の地道なボランティア活動が行われている。マツと共生菌の松露も多く見られるようになり、健全な松林が維持されているという。

虹の松原の保全活動は、「白砂青松」の風景を愛でる人々から支えられている面もある。虹の松原を散策すると実に爽やかで、清々しい気分になることは、地域の人々の日々の保全活動の労力によって、下草がなく、木漏れ日の明るい森が保たれていることを忘れてはならない。

筆者が調査の時、地域の人の話を聞くと「最初は、松林のために活動をしたが、時間が経つと日頃使わない、身体を使うことで健康になり、また元気になっていく松林を見ると自然に人間も元気が出た。やはり、老松がなくなることを見ると寂しくなる」という松への思いが語られた。松林保全活動は、松も人々も元気になる、共生の循環がうかがえる。

②天橋立の松林保全運動

京都府にある天橋立（あまのはしだて）は、宮津市の宮津湾と内海の阿蘇海を南北に隔てる砂州で、松島（宮城県）、宮島（広島県）とともに日本三景の一つに数えられる名勝地である。『丹後国風土記逸文（たんごのくにふどきいつぶん）』[72]に、国生みの神・伊射奈芸命（いざなぎのみこと）が、地上の伊耶那美命（いざなみのみこと）のもとへ通うために、天から長い梯子をかけたが、一夜にして倒れたという神話がある。松林の中には、海神「橋立明神」を祀る天橋立神社が位置する。

71　佐賀森林管理署を管理主体として唐津市、NPO法人唐津環境防災推進機構KANNE（2006年設立）等が一体となって、2009年から松原の保全活動を展開している。

72　『丹後国風土記逸文』「天椅立」に「伊射奈芸命、天に通ひ行でまさむとして、椅を作り立てたまひき。故、天の椅立と云ひき。……二面の海に、雑の魚貝等住めり。但、蛤は乏少し。」秋本吉郎校注『風土記』日本古典文学大系２、1958年、p.470

地元では、1965年に天橋立を愛する関係団体や有志を中心に「天橋立を守る会」が設立された[73]。その後、官・民あげて松葉かきなどの活動が行われている。「クリーンはしだて１人１坪大作戦」は、各学校の生徒や行政、宮津市市長まで参加する。文殊地区の人々は、神々の伝説とともに、天橋立の松林を聖なる森として、また美しい景観は地域の人々の誇りの風景として理解されている。

「天橋立を守る会」の人々は、「天橋立がある、この地に生きているから保全活動は続けたい」[74]と語る。「天橋立」は、人々の「誇りの風景」として認識され、防災林だけではなく、日々の散策や観光、環境教育などに活かされているが、それはさまざまな人々の努力によって持続されているといえよう。

野本寛一は、「鏡山から虹の松原を俯瞰(ふかん)し、展望台から天の橋立の股のぞきをしただけでは、クロマツは何も語ってくれない。おのおのの見事な眺望に心を洗い、併せて、クロマツ林に参入し、松籟(しょうらい)の中に己を置いてみて初めて、クロマツと交流ができる。長い間、土地の人々の営み、それに行政の手助け等が時の流れの中で集積されて歌枕の自然が守られてきた。この時間と空間の交点に己を置く時、人はクロマツに優しくなり、クロマツもまた人に優しさを示してくれるだろう」[75]と語った。

潮に強い松を守ることは、背後の住民は勿論、農作物を守ることにつながる。近年は、日本全国から修学旅行やエコツアー等で、ますます訪問者が増加傾向であり、松原と人間社会の共生における「親森(しんさん)・親水(しんすい)」は、地域活性化にもつながっている。

⑵高千穂の神代川と水の再生

神代川(じんだい)は、高千穂市街地を貫流し五ヶ瀬川へ流入する全長3.0㎞の河川である。天の牟羅雲尊(あめのむらくものみこと)が天から地上に「水の種(たね)」をもたらしたとされる

73　大正11年（1922年）「天橋立保勝會」を設立した。『吉津村誌』1930年、pp.844-845

74　2016年４月10日「文珠公民館」で開かれた「日・韓の「松林」保全意見交流会」での記述である。協力して下さった「天橋立を守る会」の方々に感謝したい。「天橋立を守る会」の小田彰彦会長は、「天橋立」は郷土の象徴であり、誇りでもあります」と語る。「天橋立を守る会だより」2015年11月 No.21参考

75　野本寛一『共生のフォクローア』1994年、p.88

「天真名井（あまのまない）」の他、水神を祀る所が神代川沿いに８カ所もある。

写真23　水祭り（天真名井）

神代川は、水の恵みをもたらすとともに、度重なる水害もあったことと関係があるだろうか。『神代川御修復奉加帳』天明８年（1788）に、「往古にても恐奉神恵み井垣も増水に之及来世破損仕候処神々より御修復仕候度々」と記されている[76]。

荒立神社は、神代川の重なる水害を鎮めて、水恩に感謝する水祭りを毎年12月に行う。天真名井→瀬織津（せおりつ）水神→佐久良谷水神→白川水神→井の元水神→白水水神→一の瀬水神→吐水神の８カ所をお神酒と御幣を持って参る。

神代川の水は、生活用水や集落の重要な水であったが、1972年コンクリートの三面張りの河川になり失水した。宮崎県と高千穂町では、2014年から「神代川かわまちづくり協議会」を立ち上げ、かつての豊富な湧水の復活を目指している。

2016年からは、コンクリート護岸を撤去して、昔の石積みに戻す改修工事が進められた。川の改修は宮崎県が、町づくりは高千穂町が担い、川沿いの環境整備による多自然型川づくりを実施している[77]。神話とともに豊かな森によって育まれた水を地域活性化に活かす、いわば「温故知新」の取り込みに注目したい。

伝統の森の保全活動や神話に基づく川と水の再生は、地域活性化に役割を果たすといえよう。一方、伝統の森が衰退し、水源からの水が途絶えた地域も多くある。地域景観を織りなす伝統の森と水の循環は、地域社会のみならず、自治体、行政も加わって、いかに取り込むかが課題といえよう。

〈結語〉

本稿は、日本の各地の「伝統の森」文化を山・川・里・海をつないだ視点で、水と森の尊い普遍性を探った。「伝統の森」文化を「敬森・敬水」の

---

76 「神代川御修復奉加帳」天明８年（1788）の記録を提供してくれた荒立神社の宮司に感謝したい。

77 『神代川かわまちづくり計画書』宮崎県高千穂町宮崎県西臼杵支庁、2014年、p.15

視点で見れば、水源涵養や洪水軽減・渇水緩和の役割だけではない。水源地の山には「司水」の神を祀り、水の恵みが祈られる。水が集まる川沿いの鎮守の森は、水災を避けて、秩序ある水の循環を治水の神々に対して祈る「敬水」の役割を担っていた。

写真24　改修中の神代川
（写真提供：宮崎県西臼杵支庁）

鎮守の森の周囲の造られた小川・水路は、結界の意味をもつとともに水田や集落の実利的な水として利用される。河と海岸の森は、非常時・災害の時は、防災林の役割があり、日常的には「親森・親水」の場として人間社会とのつながりが保たれていた。

現在、各地の「伝統の森」は、都市化や広がる動物被害・害虫、温暖化の異常気象など、さまざまな課題を抱かえている。開発による伏流水系の遮断や暗渠（あんきょ）化されて流れを見ることができなくなった川は、意識しない自然環境になりつつある。人間の都合で、神の森の伐採や水源地の神体山が削られる例も多く、「敬森・敬水」の自然観は薄れつつある。

野本寛一は、「人は、神の森の中で、おのおの心身に付着した汚濁を洗い去り、新たな自分を発見し、生まれ変わって森を出る。神の森は、明らかに人を蘇生させる場である」、つまり神の森とは「再生装置」であるとしている[78]。「伝統の森」は、地域固有の誇りの「風景」であり[79]、おのおのの五感で体感できる空間でもある。

地域の人々と外から訪ねる人々がともに親しむ「風景の共有」を想像すれば、未来に向けての持続保全が一層重要となるだろう。東アジアの「伝統の森」保存会と滋賀植物同好会は、2019年４月から滋賀県の鎮守の森保全協力活動を実施している。上田正昭の「山川も草木も人も共生の命輝やけ新しき世に」の歌のように、「伝統の森」文化と人間社会の共生の循環がやむことなく、未来につながっていくことを望みたい。

78　野本寛一『共生のフォクローア』1994年、p.64

79　環境哲学者・桑子敏雄は、「風景は、わたしたち一人ひとりがそこからいろいろな意味を読み取ることのできる偉大な書物」と語った。桑子敏雄『何のための教養か』2019年、pp.116-118

韓国の「伝統の森」文化
—敬森・敬水と親森・親水を探る

李　春子

第１章　韓国の伝統の森と敬森・敬水

韓国では、集落の開拓や地域誌、そして山や川、海の自然環境と深く関わる「伝統の森」——マウルスップ文化がある[1]。これには、鎮山と河畔林、海岸林、そして集落の森がふくまれる。風水の概念に基づく「鎮山」文化により、朝鮮王朝時代（1392～1910年）、建国当初から四つの鎮山（白岳山、仁王山、木覓山、駱駝山）が位置する漢陽（ソウル）に正宮・景福宮を置いた。『世宗実録・地理志』には、「鎮山」が105カ所、『新増東国輿地勝覧』をみると195カ所載っている。このように禁養された集落の背後の鎮山は、集落の命綱となる水源地を守る意味合いもあったと考えられる[2]。そして、冬の寒い北風と夏の台風の南風と洪水の水害防災林として、木々を植え、伐採を禁じてきた。人間社会を取り巻く自然環境を熟知して、自然災害に備えようとした伝統の知恵と考えられる。

そして、「風水」において欠けた環境を補う「裨補（ひほ）」概念により、人間が自然に積極的に働きかけることが多く行われた。集落は、「水口鎮塞（スグマギ）」により、川や水の流れが集落から見えないように木々を植えてきた[3]。本稿では、韓国の「伝統の森」20カ所を取り上げ、その由来を文献、口伝、現地調査を中心に探り、森と関わる祭りを中心に敬森・敬水を考察

1　韓国語「마을숲マウルスップ Maeul-soop 堂山林、漁付林、防風林、水口防ぎ森（김학범과 장동수）」1994年

2　李春子『神の木—日・韓・台の巨木・老樹信仰』2011年、pp.104-106

3　『朝鮮の林藪』には、「裨補」の林藪について、閔周冕（1629-1670）編の『東京雑記』を引用し次のように言う。「裨補の林藪は、風水方術から説明し得る。古来定住民族に於いて、住居を風害や水害から避けて、而も燃料の採取に容易な地に選び定めるのは必ず行われ、……風と水に多大の関心をもち、寒冷な北風は冬の脅威であり、雨を含み来る南風は河川の氾濫せしめたから風を防ぎ、流れを画することは古来生活上の重大な事項で……第一に風や水に禍されないような地を相し家を構ふ……土地卜定には、先ず風と水を観察することを似て慣習した……風水害防備機能をもとものは一併に風水の名で呼ぶ」『朝鮮の林藪』p.14

する。続いて、伝統の森の空間に造られた「楼亭」文化を中心に親森・親水の視点で考察したい。

1．河畔林～文献・石碑の記述と口伝

⑴ 安東河回村・万松亭――風水・飛砂防止林

安東河回村は、洛東江の支流「花川」がＳ字形に集落を囲むように流れる。人が住むのに理想の場所とされる。1828年李義聲（1775－1833年）が描いた「河回村屏風図」に見るように、河が集落を囲みながら流れ、村の周囲に木々が植えられている。万松亭（マンソンジョン）松林は、柳雲龍（1539－1601年）が太極形・蓮花浮水形とされる。柳雲龍の『謙菴先生文集』巻一「詠松亭」に、１万株の松を植えたと記されている[4]。風水概念に加えて、花川の飛砂防止と集落や農地を守るために松を植えたと考えられる。

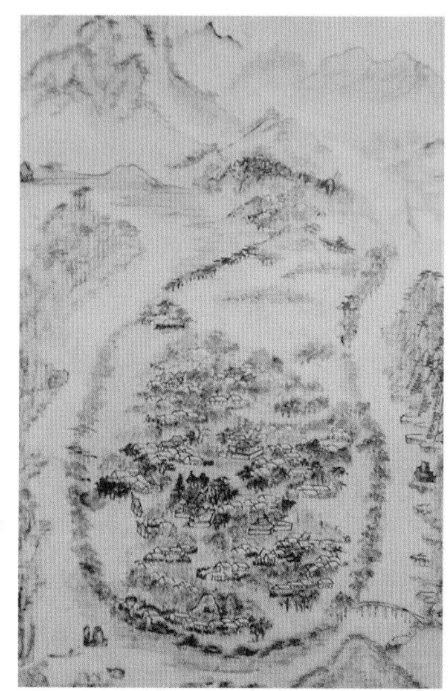

写真１　李義聲「河回村屏風図」（1828年）
（図版提供：安東市）

⑵ 咸陽郡「上林」（別称：大館林）――水害防止林

上林（サンリム）[5]は、新羅時代の咸陽郡太守に赴任した崔致遠（858－？）[6]によって渭川（古くは、濡渓）の洪水防災林として造られた[7]。『孤雲集』に、崔致遠が建てたとされる「学士楼」と手植えの木々が10里余りの森を成し、村人が建

---

4 「萬松曾手植。歳久鬱成林。夜靜寒聲遠。江空翠影沈。自多閒意味　得好光陰　散歩乗凉處 炎不許侵（参考：韓国古典総合 DB　http://db.itkc.or.kr/）

5 『天嶺邑誌』や『新増東国輿地勝覧』に記されたように、古くは、「大館林」と呼称された。

6 孤雲・崔致遠（新羅の大文人857年？）『三国史記』巻十一（新羅本紀第十一憲康王 pp.224-227）は、12歳で中国の唐に留学して、黄巣の乱の時「討黄巣檄文」の名文を作り中原にその名を高くし、紫金魚袋を受けたことも知られる。衰退する新羅の国運を嘆き、全国を放浪し晩年は海印寺（伽耶面）に隠棲し、山の神になったと伝える。『三国史記』巻十一（新羅本紀第十一憲康王 pp.224-227）

7 「大館林。在濡溪東岸。楼亭。學士樓。在客館西偏。崔致遠為太守時。所登賞故名。後倭兵所焚。移邑治時。樓亦移構。」『新増東國輿地勝覧』（1530年）韓国古典総合 DB　http://db.itkc.or.kr/

てた石碑には「又有手植林木連亘十余里。郡人立碑而記事」と記されている[8]。

「文昌侯崔先生神道碑」(1923年)には、「建学士楼。手植林木於長堤。先生去後。咸之人士愛之」[9]と記されているように「上林」は、崔致遠先生によって植えられたとされる。今日、咸陽は、この森一つで町が栄えるというように、観光名所となっている。

写真２　咸陽郡「上林」(写真提供：尹石氏)

⑶ 浦項市北松里「北川藪」――水害防止林

北川藪(ブックチョンス)は、1802年に興海郡の郡守・李得江が北川の防災林として10里(約４㎞)にわたって作らせた韓国で３番目に長い森である。松を植えて、禁養を命じて20年余り経った1826年(純祖26年)に建てられた「興海郡守李得江北川藪遺跡碑」には、「於是培植而禁養之歴十数年」と松林を維持してきたことが記されている。

写真３　興海郡守李得江北川藪遺跡碑(1826年)

『慶尚道邑誌』(1832年)でも、「李候得江。憂邑民之被水患。養成林樾」と記され、李得江が北川の水害に悩まされている民のために松を植えて禁養に努めたと記されている。さらに、「北松亭碑重修牌」(1908 年)には、松林と集落の関わりの興味深い記述が見られる。

「井堰がないと村にならず、井堰は松がないと成り立たず、松は人がいないと成り立たず……松林を監督して数年、松葉を売ってお金を集めて碑亭を再建した。後世の監督する者は、先人の功績を追慕し、松を保護して村を保護する……」

「朝鮮末期に郡守安種徳が森の一部を開墾しようとすると農民が蜂起して郡守を捕まえて曲江に投げた」という記録が存在することをみても、人々

8 「孤雲先生事蹟」輿地勝覧　韓国古典総合 DB　http://db.itkc.or.kr/

9 『朝鮮の林藪』p.89

は堤防の松林と一心同体と考えてきたことがわかる[10]。

⑷ 慶州 鶏林

鶏林(ケイリム)には、慶州金氏の始祖・金閼智の誕生にまつわる伝説が残る。西暦65年新羅第４代脱解王の時、鶏の声が聞こえて、森に入ると金の葛籠(つづら)の中には赤ん坊がいて、脱解王は子の姓を「金」としたという。『三国史記』に「王夜聴金城西始林樹間有鶏鳴声。……改始林名鶏林。」等と記された。それを趙涑が1636年に仁祖の命を受けて青緑山水の様式で描いた「金櫃図」(中央博物館所蔵)[11]がある。

写真４　趙涑「金櫃図」(1636年)(中央博物館所蔵)

『東京雑記』によれば、法典に「裨補の林藪は木を伐って、耕作する者は杖八十利追し没官すと守令たる」[12]と記された。「慶州邑内全図」(1798年)を見るように、南川の支流の水が鶏林の中に流れ、周囲の農地を潤す。聖地林でありながら、風水害から人を守る防風林の役割も担ったとも考えられる。

⑸ 慶州市　隍城公園(論虎林・高陽藪)──裨補・水害防備林

新羅時代(668～935年)に「高陽藪・論虎林」と呼称された隍城(ファンソン)公園は、南側は、落葉広葉樹、北側は、アカマツ林である。『三国遺事』は、「現持短兵入林中。虎変為娘子……論虎林」(すなわち兵士が狩りに森に入ると虎が女性に変わった)という話を記している。

---

10 「噫邑非堰無邑。堰無松無堰。松非人無松……晋王 監督松林数年　松葉放売鳩聚。重葺碑閣。後之監検防阡者。追慕前人之跡。護是松保是邑。則曲江之阪」『朝鮮の林藪』p.162

11 新羅の王家慶州金氏の始祖金閼智の誕生に関する説話を描いた絵で、『三国史記』の記録をそのまま表現したもの。官服姿の人物は、鶏の鳴き声を聞いた脱解王の命を受けて鶏林を訪ねた瓠公とみられる。金櫃の中には赤ちゃんがいて、後に金閼智という名前をつけられた。彼の７世孫である味鄒王が最初の金氏王となる。趙涑が1636年に仁祖の命を受けて描いたもので、保守的な青緑山水の様式と細部まで精緻に描写した画風は、国王に献上する絵画の特徴である。https://www.museum.go.kr/site/jpn/relic/search/view?relicId=4421(中央博物館HP)

12 『朝鮮の林藪』p.13

「慶州邑内全図」(1798年) を見ると、現在の隍城公園は「論虎林」と記された森と、北川・蚊川(南川)・西川の三つの川に囲まれている地形である。『東京雑記』閔周冕編(1629年～1670年)[13]を見ると兄山江支流の北川の裨補林として木々を植えて森を造り耕作を禁止されたことが記されている。

一方、『朝鮮の林藪』に大正２年(1913年)「水害防備保安林」に指定と[14]記されている。北風を防ぎ、水害を防ぐための防災林として開拓を禁止したと考えられる。現在は、慶州を代表する市民の憩いの公園となっている。

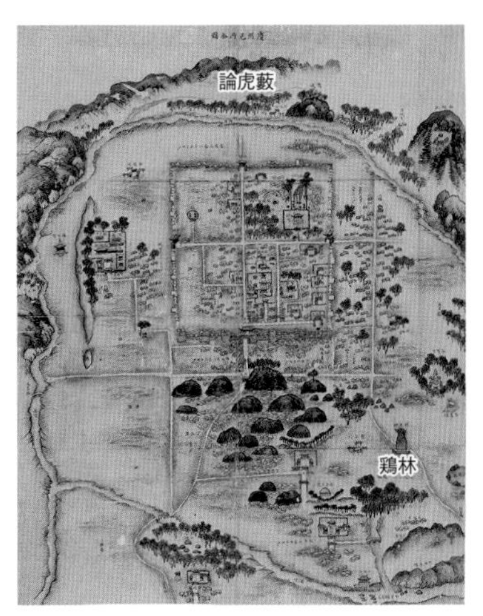

写真５　慶州邑内全図(1798年)
(国立古宮博物館所蔵)

⑹ 蔚山市・太和江竹林――洪水防災林

蔚山を東西に流れる長さ2.5㎞の太和江(テファンガン)沿いにも竹林がある。『陽村先生文集』権近(1352～1409)巻13「大和楼記」に記されている。権相一の『鶴城誌』(1749年)を見ると、内鰲山に蔚山府使・朴就文(1617～1690年)が建てた「晩悔亭」の前に「竹林が生えた幾つもの畝(うね)があり、釣り場があり、観魚台がある」と記されている。竹林が古くからあったことがわかる。

写真６　太和江竹林

13 「古くから論虎藪と呼んだ。……古くは林井藪とつながった。今は、悪い百姓が開墾を行い、畑を作ったので森が二つに分かれた。古くから木々を植えて森を造ったのは偶然ではない。しかし、今木を伐り、耕作をしているので、痛恨も甚だしい。法典に、裨補の森を伐り、耕作するものは、杖叩き80回で、その利益を没収すると記された。守嶺はこれを必ず知るべきだ」(即古所謂論虎藪也。今則俗称高陽藪。古與林井藪相連。今為奸民割耕之。田分而為二。右各藪。古来種樹成林・意非偶然。……法典。裨補所林藪内。伐木耕田者。杖八十。追利没官。為守令者。不可不知也)『国譯　東京雑記』閔周冕編조철제訳、p.208

14 『朝鮮の林藪』pp.47-51

ここは、日本統治時代の1917～1932年、洪水を防止し、砂と小石の流入を防ぎ、肥沃な耕作地のための「水害防備林」として造られた[15]。『楮竹田事実』などに記されているように蔚山が竹産地であったことを活かして、太和江沿いに竹を植えて水害防災林にしたと考えられる。太和江竹林は、現在、散策などが楽しめ、蔚山を代表する市民の憩いの空間となっている。

(7)その他の伝統の森――道川里・五里長林・河東松林

盈徳郡にある道川（ドチョン）里の堂山は、約400年前、金氏お爺さんが、外から集落が見えないように、木々を植えて森を作ったという[16]。かつて、「道川里」は古くは、「口樹里」と呼称したように、集落の入口の「水口防ぎ」と考えられる。

永川市慈川里にある五里長林（オリザンリム）にも類似の言い伝えを持つ裨補藪、洪水防災林がある。夏になると集落の前を流れる冷たい川と涼しい森は集落の人々の憩いの場所である。

さらに白砂青松の河東（ハドン）松林は、英祖21年（1745年）河東都護府使の田天祥（1705～51年）により、蟾津江沿いの飛砂防災林として造られたと伝わる[17]。

２．海岸林――文献・石碑の記述と口伝

(1) 慶北蔚珍郡「越松亭」

越松亭（ウォルソンジョン）は、新羅時代から仙人が遊覧したと伝える。稼亭・李穀『稼亭集』第５巻「東遊記」（1349年、忠正王１）[18]に、「松が１万株あり、「越松」といい、四仙が遊覧して偶然通ったので名づけられた」と記した。当地に居住した李山海（1538～1609）は、『渓遺稿』[19]「越松亭記」に「飛仙越松」と記し、「神仙が松林の上を飛ぶように美しい松林は、空が見えないほど多く、その数何万株か知らず」と記した。

『朝鮮の林藪』には、飛砂の防風林であり、麦、栗、米などの収穫のた

---

15 『朝鮮の林藪』pp.154-159

16 『南亭面誌』盈德文化院、2007年、pp.426-438

17 河東文化院HP『河東邑誌』河東邑編纂委員会、2006年　『河東郡의 人文地理 變遷史』2009年

18 李穀『稼亭集』第５巻「東遊記」民族文化推進会、2006年、p.125、p.35

19 李山海（1538～1609）『鵝溪遺稿 』第３巻　箕城錄　雜著「越松亭記」其名也或以爲取飛仙越松之義。

めと記述されている[20]。謙斎・鄭敾（1676～1759年）の「越松亭図」では、越松亭と松林が写実的に描かれている。

⑵ 蔚山市西生面鎮下「堂山」松林——中国の将軍を祀る堂山

鎮下海沿いの松林は、「西生浦倭城」[21]の跡がある所に位置する。堂山の祠の中には、中央に鎮下村を見守る堂山お婆さんの「鎮下村守護神位」がある。その右側の位牌に「明将東征提督大司馬大将麻貴将軍神位」とある。中国明末の将軍・麻貴（麻提督差官）は、『朝鮮王朝実録』宣祖30年（1597年７月４日、12月30日）などに名前が記される、西生浦で日本から襲来した加藤清正の兵と戦った後[22]、中国に帰った将軍である[23]。

写真７　報忠祠

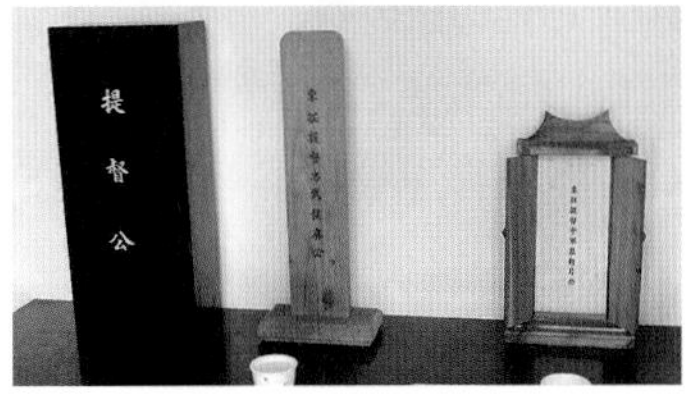

写真８　報忠祠に祀られた「片公」「麻公」神位

一方、集落の奥に西生面堂山お爺さんを祀る「報忠祠」がある。祭壇に「東征提督忠武候麻公」神位と「東征提督中軍慕軒片公」の神位が祀られている。麻貴の部下であった片公は、その後、中国に帰らず、韓国に定着して「片氏」の始祖になったとされる。

すなわち、麻貴将軍とその部下であった片公を集落の守護神として祀られているのである。東アジアを巻き込んだ激動の戦争・壬辰倭乱（1592年～1598年）の後、集落に平和が戻った時に堂山が造られたと考えられる。

20　『朝鮮の林藪』pp.192-195

21　壬辰倭乱（文禄・慶長の役　1592-1598年）の際、1593年加藤清正が築城し、1598年豊臣秀吉の死後、黒田長政らが放棄した。

22　「麻提督差官，持捷書自蔚山至，上接見于別殿。……二十三日巳時，天兵破清正別營。其夜清正自西生來入蔚山。天兵方圍島山攻打，而賊在高阜，我軍在卑處，故死傷頗多……倭賊之從水路來者，爲天兵所趕，飜船渰死者數千云。」（韓国古典総合 DB　http://db.itkc.or.kr/）

23　光海２年４月17日（1610年）麻貴提督が中国廣寧總兵に赴任時、掲帖と礼単を送る「廣寧都御史，麻提督貴爲廣寧摠兵……似當別具掲貼，副以禮單」中国明朝の正史『明史』巻二十一・神宗二（1598年）に「春正月丙辰，朝鮮使來請援。二月，復議征倭。前都督同知麻貴為備倭總兵官，統南北諸軍」（漢籍電子文献参考）

⑶ 釜山市海雲台区松林

海雲台の由来は、新羅の大文人の崔致遠（857年～？）と縁がある。『三国史記』巻46列伝第六に「崔致遠。字孤雲。……江海之浜。営台榭植松竹……」と松を植えたことが記されている。崔致遠先生が楼台を造り、今もその跡が残っていると記されている文献が見られる。

『孤雲集』「孤雲先生事蹟」輿地勝覧に、「海雲台在東萊東十八里。有山陡入海中若蚕頭。先生嘗築台。而手痕尚存。」、『八道地理志』（1478年）に「海雲台。崔致遠所遊之地。亭宇遺址尚存。冬栢杜沖森鬱其側」と記されている[24]。現在、釜山屈指の観光地が広がり、多くの市民の憩いの空間となっている。

⑷ その他口伝の森

蔚山市大王岩は、新羅を統一させた文武大王（661～681年）の王妃が「龍になり、海を守る」と遺言して大王岩の下に埋葬されたと伝わる地である。ここの松林は、日本統治時代の1906年、航海のための灯台が造られて、防風林として松を植えたという。現在、休日になると数万人が訪ねる、蔚山を代表する憩いの空間の松林になっている。

勿巾里魚付林は、約400年前に防風林・防潮林として作られたと伝わる。魚が寄りつくところであるため、「魚付林」とも呼称する。弥助面草田里の森は、『朝鮮の林藪』（1938年）に「樹齢200年以上と思われる巨木が叢立せる。幼樹、苗木を部落民協力して保育したものである」と記されている。昭和8年（1933）の台風の時、南海郡は甚大な被害があったが、勿巾里の林と草田里の森は、被害なしと記されている[25]。

写真9　草田里の森（写真提供：尹石氏）

24　『新増東国輿地勝覧』（1530年）第23巻にも「海雲臺……崔致遠所遊之地，亭宇遺址 尙存。冬栢杜沖森鬱……」記されている『朝鮮の林藪』

25　『朝鮮の林藪』（1938年）に「尚草田部落と一岡を挟み望後の部落があり、その南面海岸に長さ1000mの黒松林がある。大正4年（1915年）部落民が苗木を購入して無立木の荒蕪地に造林せたもので、林後の家屋50戸耕地40町歩を同じく護っている」と記された。1町歩は、約3000坪に当たる。尚草田部落と一岡を挟み望後の部落があり、その南面海岸に長さ1000mの黒松林がある。『朝鮮の林藪』1938年、pp.81-82

３．伝統の森の神々と祭礼――敬森・敬水

韓国の伝統の森の祭りは、集落によって異なるが、夜の祭礼と農楽隊の踊りや月藁燃やしなどが主体で、その内容は大同小異といえる。海沿いの祭礼には、海の神・龍王へのお供えと祈りを通して、自然への畏敬の念を表す「敬森・敬水」が見てとれる。

⑴ 鎮下堂山――異国の神を祀る（中国の麻貴将軍・片将軍）

鎮下堂山の祭りは、旧暦１月14日の夜中に行う。堂祀の中の祭壇に、酒、餅、牛の頭、海の幸、山の幸、果物などを供える。婦人会が丸一日かけて調理した料理などを盛大にお供えする。集落の長や青年会の人々が集まり、敬虔に酒を献じる。祭礼の最後に、村の安寧、海の安全などを願う内容の祝文を読み上げ、最後に神様に届ける意味合いとして紙を焼く。

写真10　月藁燃やし

翌日の１月15日夕方、松林の前の海沿いで、「달집태우기（月藁燃やし）」がある。地域の一年の安寧を祈る。地神踏みの農楽台などの賑やかな祭りが行われる。３年に一度豊年祭が盛大に行われる。

⑵ 冬栢島海雲亭の崔致遠先生を偲ぶ祭り

崔致遠先生を偲ぶ海雲亭と銅像の前で、毎年、４月17日に祭祀が行われる。「海雲区」と「崔致遠先生海雲臺遺跡保存会」と「慶州崔氏宗親会」などの人々が集う。全国から「崔氏」の子孫が集まる。祭官を務めるのは、社会的人望の厚い人が選ばれる。

祭祀のお供えは、豚丸ごと１匹、ご飯、なつめ、栗、魚、お神酒等を供えて、儒教式の祭文を読み上げて、進行される。この日、最も賑わうのは、祭礼が終わった後、関係者のみならず集まった地域の数百人に食事が無料で配られる時である。

⑶ 機張郡竹城里の「国首堂」

写真11　国首堂祭礼：龍神様への祈り

祭祀は、旧暦１月15日に行われる[26]。注連縄を張り、赤土を共同の井戸と堂山に撒く。祭礼は、海沿いの堂山お婆さん・龍王祭→集落の井戸→丘の国首堂（グクスダン）お爺さんの順番である。堂祀の中の祭壇に、酒、餅、豚肉､果物などを供える。海沿いの｢龍王祭」は、海の彼方の神様にお供えをして、航海安全、豊漁等を祈る。

⑷ 銀店里堂山

写真12　銀店里祭：龍神様への祈り

旧暦10月15日、堂山神、龍王神、五方神の７神にそれぞれお供えをする。御神木の前に供えたものは神様が召し上がるということで、「バップムドム(ご飯の墓)」に埋める。そして、海沿いで海の神・龍王神に酒、餅、魚、果物などのささやかなお供えをして祈願する。

その後、供えた供物すべてを「藁の小舟」に載せ、上に蠟燭（ろうそく）を立てて感謝の思いを込めて海の彼方に送る。魚がたくさん捕れますように、台風の被害がないように、航海安全、村人の無病息災を祈る。海岸沿いの森の中の堂山と海への敬いが表れる「敬森・敬水」の祭りといえよう。

第２章　伝統の森の空間と親森・親水　「楼亭文化」を中心に

韓国では、山や川、海辺の美しい景観の場所は、ソンビ(선비：清貧の儒学者)精神を高めるとされて、「亭・楼・台」が作られた。近年、亭子の復

26　金承璨『釜山の堂祭』pp.505-506には、「羅氏お婆さん神位」と書いた神牌とある。

元が活発で、文化空間としての役割を果たしている。

道川里の堂山、慶州徳泉里の堂山などでは、森の中に名もない亭子が設けられている。夏の暑い時期に、農作業の後の一休みと地域の人々が寄り合うなど、憩いの場所として利用される。ここでは、伝統の森と亭子文化を中心に「親森・親水」における「共生」を探りたい。

1．河畔林と楼亭文化

⑴ 学士楼（咸陽郡大徳里・上林）

学士楼は、崔致遠（858年～？）先生が咸陽の太守をしていた時に建てられたとされる。

朴趾源（1737～1805）『燕巖集』「咸陽郡学士楼記」[27] に、次の記述がある。「1794年郡守・尹光碩が自分の給料で改修した……孤雲・崔致遠が天嶺の太守になり楼を作ったのが、すでに千年経つ。天嶺の人々は、その恩を想い今日も学士楼と呼ぶ……桐の木に高く月が輝くとまるで学士が欄干を歩くようで、この楼で会う（崔致遠）如く、竹林が風で揺れて鶴一羽が空を飛ぶと学士が高い秋空で詩を詠む如く思い、楼の名を学士と呼称したのはその由来が古い」

現在、学士楼は上林とともに生態観光のみならず、地域のさまざまな文化活動の基盤になっている。

⑵ 太和楼と晩悔亭

太和楼は、権近（1352～1409）の『陽村集』「大和楼記」に「亭や楼がある景観は、政治と関係がないが……楼の衰退は、太平の治世において累になるようで惜しむ」[28]と記されている。亭や楼は太平治世の「平和」を象

---

27 「郡守尹侯光碩。慨然捐廩。大興修治。悉復樓之舊觀。仍其古號曰學士。……咸陽。新羅時爲天嶺郡。文昌侯崔致遠字孤雲。甞爲守天嶺而置樓者。葢已千年矣。天嶺民懷侯遺惠。至今號其樓曰學士者。稱其所履而志之也……而彷佛相遌于是樓之中。若夫月隱高桐。八牕玲瓏。則依然學士之步曲欄也。風動脩竹。一鶴寥廓。則怳然學士之咏高秋也。樓之所以名學士。其所由來者遠矣夫。朴趾源（1737～1805）『燕巖集』 煙湘閣選本「咸陽郡學士樓記 」

28 權近（1352～1409）『陽村先生文集』卷十三大和樓記「…新羅之時。始置寺于北崖之上。曰大和。西南起樓。…樓臺亭觀之設。雖若無關於政治。然時遊觀而節勞逸。無國無之。蔚之大和樓。固一方之奇勝也。予惜其廢壞若有累於治平之世。嘗囑按廉已新之矣。今予又奉使往其道……辛巳冬十月有日。記」

徴する空間であり、旅人の憩いの「公的空間」であったためである。徐居正（1420年～1488年）の詩文集『四佳集』（1485年）に「泰和楼」の重修と「観魚台」の記述が見られる。

写真13　晩悔亭（写真提供：尹石氏）

晩悔亭は、蔚山府使・朴就文（1617～1690年）が建てた。『鶴城誌』（清台・権相一、1749年）は竹林と「観魚台」を記した。現在、太和楼（2014年再建）、晩悔亭（2011年再建）は、風景を眺めたり、本を読んだり思い思いの時間を過ごす蔚山市民の憩いの空間になっている。

⑶ 謙菴亭（謙巖精舎　1567年）

謙菴亭は、柳雲龍（1539～1601）が河回村の萬松亭の松林とともに造らせた。『謙菴先生文集』（1742年）『松巖集』に「亭」は外の景観・風景を観賞しながら、己の修行の内面の精神を高める空間とされる。

李象靖は『大山集』「謙菴亭記」[29]（1757年）で、「万松洲等は、神仙異境如く美しく……綺麗な砂、玉のような砂利、蒼崖緑水……内富而外倹することが謙之義に近い……山川の観賞は「仁智・風詠」を体得すること……河回集落が仁義道徳の郷として千年に至ることは、山水の幸といわざるを得ない……」と記した。

つまり、山や松林、川の自然風景の恩恵により、集落は1000年も続くことができるというのである。亭は、風景を観賞すると同時に「己を修行」し、「内なる精神」を鍛える空間と考えられていた。

29 「亭在河回之立巖上。謙菴柳先生之所燕處而用以自號者也。……。與夫桃花遷萬松洲諸勝。皆靈眞絶特。望若神仙異境而惟斯亭爲尤美。……内富而外儉。皆近於謙之義也。先生之處是亭也。……無非所以體仁智風詠之趣者。而天地盈謙之道。山川損益之妙。……夫得先生之心而後可以語山水而知先生之學。然後可以稱斯亭。觀瀾而悟夫道。仰山而興於仁。……哉。韓山李象靖。謹記」

2．海岸林と楼亭文化

⑴ 慶北蔚珍郡平海邑・越松亭

越松亭松林は、新羅時代から仙人が遊覧した場所と伝わる。稼亭・李穀『稼亭集』第５巻「東遊記」(1349年)[30]に、「松が１万株あり、越松といい、四仙が遊覧して偶然通ったので名づけられた」と記されている。李山海(1538～1609)の『鵝渓遺稿』「箕城録」[31]では、「燃える夏日は、松林で眠り心は遠く、蔚陵島に遊んだ。霜露で松ぼくりが落ちて松に長い影がかかると微かに松風の韻律を聞き、大地が雪になり松林が万龍のように白くなると……」など、春夏秋冬の松林の風景を描写している。

⑵ 海雲台の亭

海雲台は、崔致遠先生がこの地を訪ねて、展望台として造ったとされる。『高麗史』に「鶏林人……登海雲台。見合浦万戸張瑄題詩松樹」と記されているように、松を特に詠った記述がある 。

『新増東国輿地勝覧』第23巻、慶尚道東莱県に「海雲台……崔致遠所遊之地、亭宇遺址尚存。冬栢杜沖森鬱……新羅崔致遠遊遺跡尚存……」とあり、同様の記述が『朝鮮王朝実録・世宗地理志』慶尚道慶州府(東莱県)にも見られる。当時から崔致遠ゆかりの地として「海雲台」と刻んだ石碑があったと考えられる。

3．都市の森の再生と持続保全

⑴ 隍城公園の「韓中友好の森」

千年の森として慶州の市民に愛されてきた隍城公園は、近代化・開発の影響で森が縮小されて惜しむ声が多かった。慶州市は、2017年から2018年、公園の一角の土地を購入して、２万㎡の土地に３万8000本の木々を植えて

30　稼亭・李穀『稼亭集』第５巻「東遊記」(1349年忠正王１)

31　李山海(1538～1609)『鵝渓遺稿 』第３巻箕城錄・雜著「越松亭記 」「……海風が吹くと松籟が波の音とともにまるで 勻天廣樂演奏するように精神が爽快だ。私は、かつて花塢に寓居して奇勝を独占して暖かい春の日は松林を徘徊した……)

「韓中友好の森」を造った[32]。

写真14　隍城公園（写真提供：慶州市）

かつて新羅時代、中国と友好な関係を偲び、都市の森の役割を重視し、近年増加中の中国人の訪問を狙ったとされる。12歳で中国に留学して、17年間過ごした崔致遠（858年～？）と地蔵菩薩の化身ともされる僧侶・金喬覚（697～794年）の銅像を森の中に設置した。さらに池と「常友亭」の亭子が造られた。過去の友好関係から、中国との未来に向けてのつながりを重視したと言われる。

近代化や開発で破壊した森を再生しようと木々を新たに植えて、都市における緑の確保を行政が積極的に行ったことに注目したい。

⑵ 蔚山「生命の森」の活動

「松の国」と言われる韓国は、松を最も好む。今回の東アジアの伝統の森の中で、松林が最も多いのは、韓国で、20カ所の内、半数を超えることからもわかる。松くい虫が猛威を振るう時に国を挙げて駆除に乗り出しているのもその理由の一つと考えられる。

かつて、1960年代頃まで、食料難の時は、松皮を剥（は）がして飢えをしのぎ、松の枝と葉は、燃料として多く利用され、各地に禿山（はげやま）が多かったのもそのためであったかも知れない。ガスや練炭に変わって、積もった松葉は、腐葉土となり、痩せ地を好む松の衰弱の要因の一つとなった。

自然と共生する豊かな社会を目標とする会員1700名余りの韓国屈指の民間団体「蔚山生命の森」は、松林保全のため、2015年暮れから韓国で初めて松葉かきを行っている。契機は、2015年６月25日、虹の松原を守るNPO法人KANNEと共同で行った「日・韓海岸林保全の意見交流会」である。その後、2015年10月20日蔚山市東区主催で、松林保全のセミナーを行った。

32　慶州市の提供資料に基づいて記した。

韓国で松葉がき運動の先駆者となった尹石氏の導きにより、蔚山市の鎮（ジン）下（ハ）松林、その後、大王岩松林の広葉樹を伐採して、松葉かきを積極的に実践している[33]。

2019年現在、広葉樹を防ぐ雑草抜き・松葉かき運動は、江隆、浦項などに広がっている。尹石氏は、「日本の松林保全活動に比べると初歩的な活動であるが、松とともに生きて来た、韓国の人々の民族的情感の松を生かす活動は、多くの人が共感するので、未来につなぎ、持続的に活動したい」と語る[34]。

〈結語〉

韓国の伝統の森を山・川・里・海をつなぐ視点で、河畔林と海岸林を中心に取り上げた。「河畔林」は、水口を塞ぐ風水の概念、洪水、飛砂防止の防災林の役割と「海辺林」は、台風・防潮の防風林、魚付林として造られたと考えられる。[35]

また、伝統の森は、神々を祀る信仰と結びついて、祭りになると「敬森・敬水」の自然宗教観が表れる。このような伝統の森は、風景観賞と精神を高める亭子文化とともに自然と共生の「親森・親水」がうかがえる。温暖化による災害が増える中、防災林の役割の多い伝統の森と人々の「共生」は、大きな課題である。伝統の森の重要性を再認識し、未来につながる実践的保全が急がれる。

33　十数の団体や企業が社会貢献活動（ISO14001）として行っている。これらに関連する資料及び助言を下さいました尹石氏に感謝したい。

34　この資料は、2019年９月17日の尹石の私信であることを感謝したい。

35　今回取り上げた韓国の伝統の森は、河畔林９カ所、海岸林９カ所、集落の森２カ所でその植生は、松林が11カ所、常緑・広葉樹林が９カ所である。

表1　河畔林

	名称・写真	由来	亭子	祭り	植生／森の形態・役割	管理
①	慶尚北道・安東万松亭	『謙菴集』 『朝鮮の林藪』	謙菴亭	なし	松林 （風水・防砂　人工林）	文化財庁
②	慶尚北道・盈徳郡・道川里	口伝の由来	亭子	旧1月15日	落葉広葉樹林 （風水・洪水）	文化財庁
③	慶北・永川市慈川里五里長林	口伝の由来		14日15日 地神祭	落葉広葉樹林 （洪水防災林）	文化財庁
④	河東邑・河東松林	口伝の由来	河上亭	1月15日	松林（防砂・人工林）	文化財庁
⑤	咸陽郡大徳里上林（大館林）	『文昌侯崔先生神道碑』 『朝鮮の林藪』	学士楼	なし	常緑広葉樹林 （洪水防災林）	文化財庁
⑥	浦項市北区北川藪	「北松亭碑重修牌」 『朝鮮の林藪』		旧1月15日	松林 （洪水防災林・人工林）	文化財庁
⑦	蔚山市・太和江	『陽村集』 『新増東国輿地勝覧』	太和楼	なし	竹林 （洪水防災林・人工林）	蔚山市
⑧	慶州・鶏林	『三国史記』			広葉樹（宗教林）	慶州市
⑨	隍城公園 （高陽藪）	『三国遺事』 『東京雑記』	亭子	10月 新羅文化祭	南：ニレ、欅、榎木 北：赤松水害林？	慶州市

表2　韓国の海辺林

	名　称	由　来	祠・亭	信仰・祭り	植　生	管理
①	慶北蔚珍郡平海邑月松里・越松亭	安軸『謹斎集』 李穀『稼亭集』 李山海『渓遺稿』	越松亭	1月15日	松林 （防風・防潮）	蔚珍郡
②	蔚山市・大王庵	口伝の由来		なし	松林 （防風・防潮）	蔚山市
③	蔚州郡・鎮下	口伝の由来	亭子	1月15日	松林	蔚山市
④	釜山市機張郡竹城里・国守堂	口伝の由来		1月15日	松林	釜山市
⑤	釜山市海雲台松林	『三国史記』 『八道地理志』	亭子	なし	松林	釜山市
⑥	海雲台　冬栢島	『三国史記』『孤雲集』 『八道地理志』	海雲亭	4月17日	松とツバキ	釜山市
⑦	慶南南海・三東面勿巾里魚付林	『朝鮮の林藪』 口伝の由来		10月15日	落葉広葉樹林 （防風・防潮）	文化財庁
⑧	慶南南海・三東面 銀店里	口伝の由来		10月15日	落葉広葉樹林 （防風・防潮）	南海郡 三東面
⑨	慶南・弥助面 草田里	『朝鮮の林藪』 口伝の由来	亭子	10月15日	落葉広葉樹林 （防風・防潮）	南海郡 弥助面

滋賀県の鎮守の森の植生とその保全について

大谷　一弘
（滋賀植物同好会）

1．はじめに

『滋賀県神社誌』（1987）には滋賀県内の神社として1439社が掲載されている。神社の規模や旧社格はさまざまであるが、その大半が神域１ha未満の村社、つまりムラの氏神（鎮守）さまである。一方、平安初期に編修された『延喜式』神名帳には近江国から143社155座が掲載され、この数字は大和、伊勢、出雲に次いで多いという。当時、近江の国は都に近く、交通の要衝であり、しかも豊かな米どころでもあったため、朝廷や貴族とのかかわりが深く、近江の国、そしてそこに鎮座する神社が国家的に重要視されてきたことの証であろう。

このように規模や由緒の違いこそあれ、神社には鳥居をくぐると参道があり、社殿とそれを囲む神聖な自然の森（鎮守の森）がある。ここでは、滋賀県の鎮守の森の植生について概説するとともに、その現状と課題、そして保全活動の一端について紹介させていただく。

2．植生からみた鎮守の森の特性

⑴ 土地本来の木々が育つふるさとの森

日本の自然の本来の姿は「森林」であり、暖温帯の地域では常緑広葉樹林（照葉樹林）が遷移の最終相（気候的極相）と考えられる。照葉樹林の分布域をヤブツバキクラス域というが、滋賀県の平地はすべてこれに含まれる。しかし、ヤブツバキクラス域は人間の生活圏でもあるため、古

壮大なケヤキ林（河桁御河邊神社）

くから開発などによって照葉樹林は姿を消し、今日、かろうじてその面影をとどめているのが鎮守の森（社叢林）である。鎮守の森は神々が去来し鎮座する空間として長く守られてきたため、多少の人為的影響を受けながらも、その土地固有の原植生とほぼ同じ種組成を有する植生（自然植生）を保っていることが多い。また、鎮守の森に、スギやヒノキ、クスノキなどその土地本来とは異なる樹種が植栽されたとしても、自然の状態が長く保たれることにより、やがてその土地本来の樹種が生育し、潜在的な自然植生を推定するのに役立つ。

黄金色に輝くシイ林（三上山麓）

滋賀県の鎮守の森は、地形や土壌（土質、土湿）などの立地条件や人為的影響の違い等によって、概ね別表のようなタイプに分類することができる。

⑵ 植生遷移の壮大な実験空間

規模の大きな鎮守の森では、複数の森林タイプが混在していることがあり、それらの種組成や森林構造などを比較することにより、植生の遷移について推測することができる。

たとえば、国史跡「老蘇（おいそ）の森」として知られる奥石（おいそ）神社（近江八幡市安土町）の社叢林は、その全域がスギ・ヒノキ植栽林にまとめられる。しかし、さらに詳細に分析すると、亜高木層以上でシイを含む植分とそれ以外の植分では種組成に明らかな違いが認められ、前者をシイ、イワガネソウ、ショウジョウバカマを識別種としてシイ植分群とした。一方、それ以外の植分群の識別種はエゴノキ、ヘクソカズラ、ミツバアケビ、クサギ、センダン、チヂミザサで、先駆群落やマント・ソデ群落を指標する種群が多く、シイ植分群より植生自然度は低い。

シイ植分群は当地域の気候的極相であるシイ－カナメモチ群集への遷移途上にある群落と考えられる。階層構造が発達し、各階層にはヤブツバキクラス域指標種が多数生育しているほか、林床にはアケボノシュスラン、コクラン、クロヤツシロラン、キチジョウソウなどの貴重な草本類がみられ、一方で先駆群落やマント・ソデ群落指標種が少ないなど、奥石神社社叢ではもっとも植生自然度の高い群落である。

シイ植分群以外の群落はさらに3つの植分群に識別された。まず、フジ、クズで識別される植分はアラカシの優占度が高く、アラカシ植分群とした。アラカシ植分群は林内環境保全の役割があるマント群落的な要素を帯びた植生である。奥石神社社叢では分断された北側社叢や南側社叢の西端など、日照や風通しがよくやや乾燥しやすい立地などでみられる。

滋賀県の鎮守の森の植生タイプ

①シイ林：県内の鎮守の森で最も多い自然植生。シイにはツブラジイ（コジイ）とスダジイがあり、前者は後者に比べて堅果は球形、種子は小さく丸いことなどが区別点とされるが、中間形もあり明瞭な区別がつきにくい。一般に湖岸周辺ではスダジイ、内陸部ではコジイが多い。5月頃、こんもりと茂った樹冠全体が黄金色に輝く花で彩られる。

②タブノキ林：竹生島や琵琶湖北湖周辺の鎮守の森などでみられる自然植生。タブノキは暖温帯〜亜熱帯の沿海地に自生する海岸性の樹木であるが、海岸的な環境条件を背景に琵琶湖沿岸に生育し、森林を形成している。単木的には古琵琶湖層群が残る内陸の日野町などにも分布している。5月頃、枝先の円錐花序に淡い黄緑色の小さな花をつける。

③カシ林：県内ではアラカシ、シラカシ、ウラジロガシ、ツクバネガシ、アカガシなどのカシ類が自生している。アラカシ林やツクバネガシ林は主に県南部の、何らかの土地的要因でシイを欠く鎮守の森でみられる。シラカシ林やウラジロガシ林は主に県北部の河川氾濫原や山麓斜面などの鎮守の森でみられ、ケヤキなどの夏緑広葉樹を伴っていることが多い。なお、ツクバネガシとアカガシの雑種オオツクバネガシも分布している。

④ケヤキ林：県東北部の平地や河川堤防、山麓の斜面などの鎮守の森で、やや不安定な立地条件下では、亜高木層以下にカシ類やタブノキ、カゴノキなどを伴いながら、ケヤキ、ムクノキ、エノキなどが優占する夏緑広葉樹林がみられる。土地的極相とも考えられるが、立地が安定化すれば気候的極相である照葉樹林へと遷移する。

⑤植栽林：県内の鎮守の森には有用樹種としてスギやヒノキが植栽されているところが多い。また、各地の鎮守の森でみられるクスノキは自生ではなく、かつて樟脳採取のため植栽されたものが野生化し、森の主要樹種となっている場合もある。

次に、ケヤキ、ウラジロガシ、ウバユリで識別される植分をケヤキ植分群とした。ケヤキ植分群は社叢南端の駐車場と参道に囲まれたもっとも人為的影響を受けやすい立地で、人里植物や外来種なども生育し出現種数は72種を数える。高木層でケヤキが優占するほか、植栽種のヒノキやスギに加え、ムクノキ、イロハモミジ、ウラジロガシ、ヤブツバキ、クロガネモチなどが生育しており、湖東地方の社叢や河辺林に多いケヤキ－ムクノキ群集に近い群落である。林床はネザサやテイカカズラのほか、外来種ツルニチニチソウの繁茂が著しい。

さらに、キカラスウリ、クスノキ、コバノイシカグマで識別される植分をスギ・ヒノキ植分群（スギ・ヒノキ若齢林）とした。これは1979年の台風16号による倒木後植栽された植林で、1988年頃には樹高約４ｍであった幼齢林が樹高約18mの若齢林にまで成長している。

以上のような奥石神社社叢でみられる４つの植生単位（植分群）を植生遷移や植生自然度の観点から配列すると、次のような関係になると思われる。

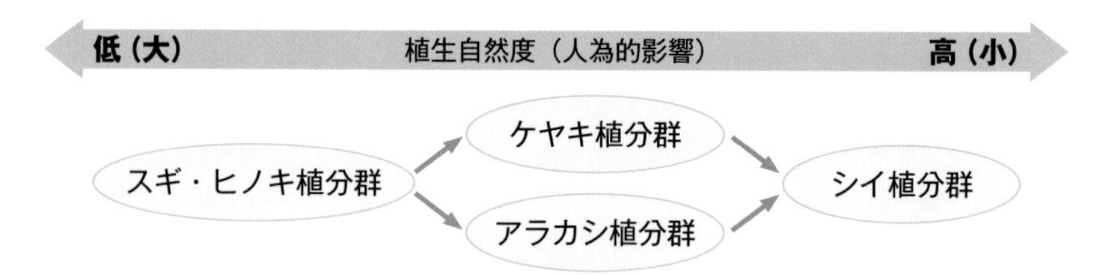

⑶ 巨樹を育む豊かな環境

環境庁（現環境省）発行の『日本の巨樹・巨木林』（1991）では、地上1.3mの位置で樹周が３ｍ以上の樹木、または株立ちの場合、主幹の幹周が２ｍ以上で、それぞれの幹周の合計が３ｍ以上の樹木を巨樹と規定している。

巨樹が生育している土地は、深山などを除くとその大半が神社や寺院、山の神、野神など、人々の生活や信仰と深く結びついた場所が多い。古来、長い歳月を生き抜いて佇む巨樹や巨樹を取り巻く鎮守の森は、神々の降臨する場として畏敬の念をもって崇められてきた。巨樹が存在する土地はそれを育む豊かな環境条件とともに、人間からの適度なかかわり（保護）が長く続いてきたことの証左でもある。

今回の『東アジアの伝統の森』で調査対象となった県内の神社では、阿志都弥神社・行過天満宮（高島市今津町）のスダジイおよびヤマザクラ、天川命神社（長浜市高月町）のイチョウ、奥石神社のスギなど、各神社の巨樹が御神木として守られている。

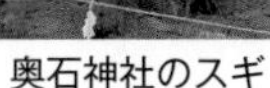
奥石神社のスギ

天川命神社のイチョウ

阿志都弥神社のスダジイ

⑷ 生物多様性を育む遺伝子バンク

鎮守の森は１つの生態系であり、その中でさまざまな生物が生息し、生物多様性の保全にとって重要な場となっている。たとえば、老蘇の森では107科337種の維管束植物（シダ植物、種子植物）の生育が確認されている（滋賀植物同好会　2017）。豊富な植物（生産者）は豊富な動物（消費者）を育み、さらに微生物など分解者のはたらきによって落ち葉や遺骸などから肥沃な土壌がつくられ、その土地の生産力によって植物の成長が維持される。これこそ森林生態系における食物連鎖（食物網）を通した物質循環の姿である。

ヤナギイノコズチ（ヒユ科）

さらに、鎮守の森ではレッドデータブック（RDB）に記載されているような貴重な生物が密かに生息していることもある。たとえば、奥石神社や河桁御河辺神社（東近江市）、印岐志呂神社（草津市）にはヤナギイノコズチという「ひっつき虫」のなかまの植物が生育しているが、『滋賀県レッドデータブック2015年版』(2016) では、個々の生育地の個体数がそれほど多くないため、今後減少する可能性があり、「その他重要種」となっている。ヤナギイノコズチの生育地は林内や林縁の半日陰であまり目立たない植物なので、除草対象となることが多い。頻繁に除草されることの少ない社叢林であればこそ密かに生き続けることができるのであろう。なお、本種はほかのイノコズチ類と比べて葉がヤナギのように細長く、表面に強い光沢があるのが特徴となっている。

3．鎮守の森を「永遠の杜」に

⑴ 現状と課題

奥石神社（老蘇の森）の倒木被害

2018年８月の台風20号、９月の台風21号、24号は各地の神社に甚大な倒木被害をもたらした。スギやヒノキなどの植栽樹種だけでなく、土地によってはケヤキやムクノキなどの巨樹にも被害が出た。これを契機に建造物や住宅に近い樹木は伐採され、森の様子が大きく変化した神社もみられる。台風被害もさることながら、県内の鎮守の森には次のような課題がある。

①森の周囲をおおうマント・ソデ群落の消滅による林内環境の変化（強い日照と風通し、土壌の乾燥化など）が森林構成種の生育に影響を及ぼしている。
②林床の除草や低木伐採等の森林整備、一部シカなどの獣害によって群落の階層構造が単純化し、上層木の後継樹が消滅、天然更新や森林生態系の不安定化につながっている。
③森が放置され、つる植物やササ類などが内部に繁茂し、生物多様性が低下している。
④植栽されたスギ、ヒノキの間伐などの手入れが行われず、樹林の健全度が低下している。
⑤本来の遷移から外れた偏向遷移がおこっている。たとえば、竹の侵入や

人為的または鳥散布など動物的要因で外来種、園芸品種等の野生化などがその例である。
⑥台風などの防災上、巨樹を含む境内樹木の伐採や枝や幹の過剪定が進行している。
⑦道路通過や施設建設、公園化、駐車場化などにより森が縮減・分断されている。

⑵ 保全に向けた取り組み

滋賀植物同好会では1995年以来、人工の森である近江(おうみ)神宮の森を皮切りに、約10年間にわたって県内の主な鎮守の森や巨樹・名木の調査を行ってきた。そして、その成果を巻末の市販出版物にまとめ、森や巨樹の保全や自然と人間との共生について考えていただくきっかけになればと願った。

その後、約10年の歳月を経て2014年頃から再び、「近江の鎮守の森自然調査」を開始し、東アジアの「伝統の森」保存会（代表・李春子氏）と連携して、鎮守の森や巨樹を持続的に保全するための実践的な調査保全活動（近江の鎮守の森を守る協力隊活動）に力を注いでいる。その理由は鎮守の森や巨樹に対する住民意識の変化、近年の大きな災害、獣害などによって、上記のようなさまざまな課題が生じ、「地域の環境保全のシンボル」「ふるさとの森」としての鎮守の森の永続的な保全に危機感を抱かざるを得ない状況にあるからに他ならない。

河桁御河邊神社での調査保全活動（写真：木村達雄氏）
（上：貴重種の保護、下：樹木の健全度診断）

明治神宮（東京都渋谷区）の森は1920年に造営された人工の森である。約100年が経過して一見天然林のようにみえるが、神宮の森を管理する中井澤秀明氏は『明治神宮の森の秘密』（1999）の中で、「神宮の森が本当の天然林になるにはあと200年はかかる、心が静まり強い畏敬の念につつまれる森を育むためには、年代を重ねることが大切だ」と述べている。

明治神宮や近江神宮に例を引くまでもなく、森を１から造り、育てるには大変な労力、苦労、費用、時間等を要する。しかし、自然の法則にしたがって長い時間をかけて極相に到達したその土地本来の「ふるさとの森」は、今後も適切で最小限な維持管理によって、それを次世代につないでいくことが可能となる。

そして何よりも今日的な偏狭で実利中心、自然に対峙する発想から転換し、自然に新鮮な驚きや感動、畏敬の念を感じ、自然と共生して生きるつつましやかな発想こそ、今、私たちに必要なのではないだろうか。

［参考文献］

環境庁自然保護局編. 1991. 日本の巨樹・巨木林　全国版. 環境庁.

小林圭介編. 1997. 滋賀の植生と植物. サンライズ印刷.

明治神宮社務所編. 1999.「明治神宮の森」の秘密. 小学館.

宮脇昭. 1976. 植物と人間　生物社会のバランス. 日本放送出版協会.

大谷一弘. 1989. 神社境内の大樹保存状況に関する調査研究―滋賀県湖東地方の場合―, 滋賀自然環境研究会誌 Vol2:1-13. 滋賀自然環境研究会.

近江の鎮守の森自然調査プロジェクトチーム編. 2017. 近江の鎮守の森自然調査報告第２集　奥石神社社叢の植物相および植生. 滋賀植物同好会.

新谷尚紀. 2017. 氏神さまと鎮守さま. 講談社.

滋賀県生きもの総合調査委員会編. 2016. 滋賀県で大切にすべき野生生物～滋賀県レッドデータブック2015年版～. 滋賀県自然環境保全課.

滋賀県神社誌編纂委員会編. 1987. 滋賀県神社誌. 滋賀県神社庁.

滋賀植物同好会編. 2000. 淡海文庫17　近江の鎮守の森. サンライズ出版.

滋賀植物同好会編. 2003. 別冊淡海文庫12　近江の名木・並木道. サンライズ出版.

特別名勝「虹の松原」の再生・保全活動について

藤田 和歌子
（NPO法人唐津環境防災推進機構KANNE）

1．はじめに

虹の松原は、佐賀県唐津市に位置し、海岸線にそって虹の弧のように、長さ4.5㎞、幅500m前後、面積は214haにも及ぶ広大な面積を有するクロマツ100万本からなる松原です。

約400年前に初代唐津藩主の寺沢志摩守広高によって防風・防潮のため、海岸線の砂丘の自然林にクロマツを植林したのがはじまりとされています。

玄界灘から吹きつける強い季節風のため、変化にとんだ枝張りを持つ松が多く、力強さ、優雅さを醸し出し、虹の松原は国内の松原で唯一「特別名勝」に指定され、人々に親しまれ守り受け継がれてきました。

しかし、1960年ごろの燃料革命により人々の生活様式が変化し、松葉かきなど人々の手が入らなくなり、林地が富栄養化し、広葉樹も侵入し、白砂青松の景観が失われてきました。また、マツ材線虫病による松枯れなど、全国各地の松原と同様の課題を抱えています。そこで、白砂青松の姿を取り戻し、次世代へ引き継ぐために、地域の皆さんと一丸となった再生・保全活動を行っています。

虹の松原の全景：鏡山より

2．取り組みのはじまり

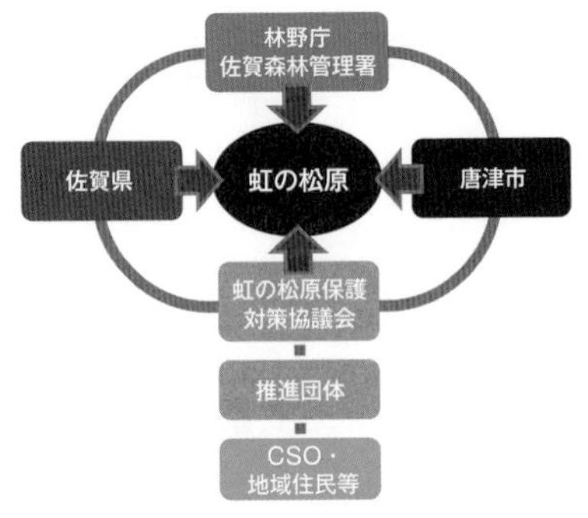

虹の松原の再生・保全に関する組織図
虹の松原再生・保全実行計画書（第2次改訂版）32ページ

昔の白砂青松の虹の松原を再生したいとの市民の強い要望が、2007年9月、松原の所有者である佐賀森林管理署を動かし、松原管理の方針を定めた「基本計画」が策定されました。これを受けて佐賀県・唐津市・地元住民等で構成される「虹の松原保護対策協議会」で虹の松原再生のための具体的な「実行計画書」が策定されました。

そして、これを円滑かつ効果的に推進していく組織として、虹の松原保護対策協議会から委託を受けた私たちNPO法人唐津環境防災推進機構KANNE（以下「KANNE」という。）が、地域での虹の松原再生・保全活動の中核を担うことになりました。

3．実行計画で目指す将来の姿

全国各地で広葉樹林化または混交林化といった林相転換が検討される中、「白砂青松」の松原を再生しようと各主体が取り組んでいます。実行計画で目指す将来の姿は下記のとおりです。

⑴広葉樹やマツの過密林が伐採されマツの単相林の状態になっています。

⑵市民による松葉かき、除草等が実施され、松原全体が「白砂青松」の状況に近づきつつあり、春と秋にはいたるところでショウロ（松露）の発生が観察できます。

⑶市民のレクリエーションや海気浴・森林浴等休養のフィールドとして、また、生涯学習として、植物の観察会等の自然体験や環境教育の場として、一層の活用がされています。

この目標の達成には、さまざまな方と協働した取り組みや役割分担が必要不可欠であるとされ、また、多大な労力の投入と末永く継続した取り組みが必要であることから地域住民、企業等の自主的な参加や継続性をどのように確保するかが課題とされています。そこでそれぞれの状況に合わせて活動に参加しやすいように２つの参加方法を整備し、KANNEにより多様な主体へ参加を促し、活動の管理運営を行っています。

①アダプト参加方式

ボランティア参加者が受け持つ場所を決め、そこでそれぞれの都合に合わせて、365日いつでも活動を行ってもらえるこの方式には、7247名（2019年８月末現在）が登録され、ボランティア活動を定期的に行っていただいています。登録者は約90％が虹の松原がある唐津市内ですが、近県の福岡・熊本・長崎からの参加もあります。また、登録団体の内訳としては、企業が約45％を占めています。

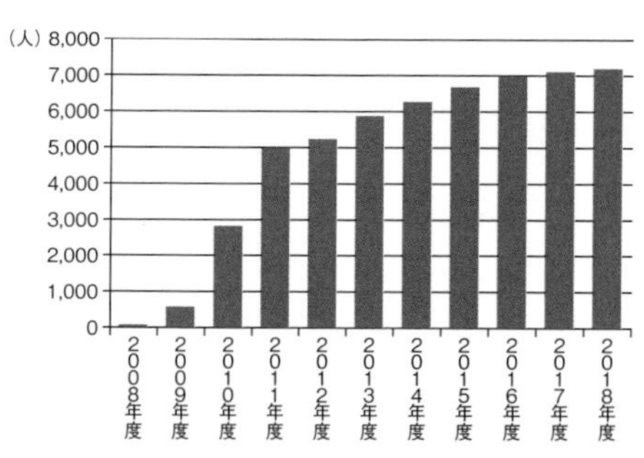

再生・保全活動登録者の推移

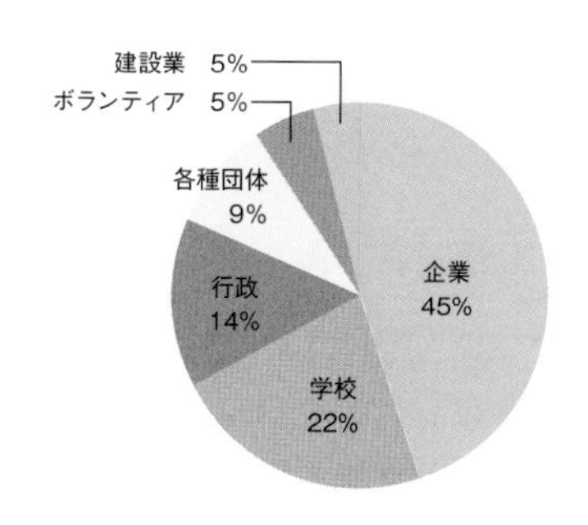

再生・保全活動登録者所属

佐賀県	唐津市	212
	佐賀市	11
	鳥栖市	1
福岡県		5
熊本県		2
長崎県		1
合計		232

再生・保全活動登録団体所在地

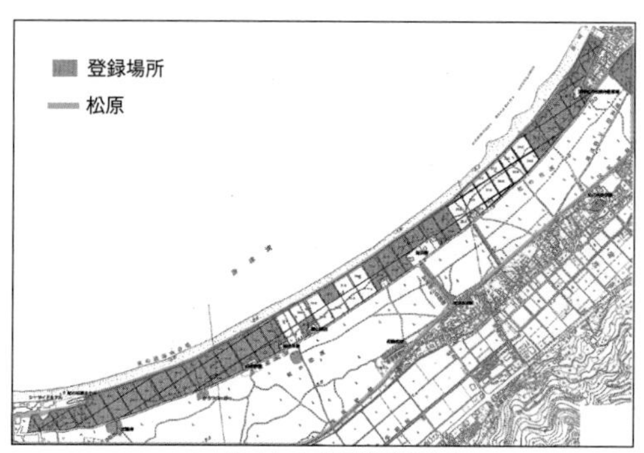

アダプト方式登録位置図

②イベント参加方式

Keep Pine Project ～虹の松原クリーン大作戦～

ボランティアの参加申込みや登録をすることなく気軽に当日に参加ができる「Keep Pine Project ～虹の松原クリーン大作戦～」を年に４回（5、10、12、２月くらい）実施しています。近年の参加者は、平均300人／回にものぼります。

③その他

松原の近隣の小学生が総合学習の時間を活用して学習を深めたり、関西方面の中学生や高校生が修学旅行で虹の松原を訪れ、地元の方と一緒に松葉かき体験をしてくださっています。

４．ボランティアによる再生・保全活動の内容

林床には、白砂を覆い隠すように、いろいろなものが散乱し、雑草もはびこっています。そこで、散乱している枯れ枝・松ぼっくりを拾い、松葉かきをし、草を根っこから抜き、本来の白砂青松を取り戻します。

活動後　　活動前

手間のかかる作業ですが、小さな子どもたちから高齢の方まで、同じ志を持った人たちが一緒に力を合わせて、一生懸命に活動されている姿はキラキラ輝いて見えます。

枯れ枝ひろい

松葉かき

草抜き

5．普及啓発活動

虹の松原にまず興味・関心を持ってもらうために、キノコや植物、野鳥などの親子観察会を定期的に行っています。また、夏休みや冬休みには座学と松ぼっくり工作を合わせた出前講座を市内の子どもたち向けに行っています。虹の松原のファンになり、再生・保全活動に興味を持ってもらい参加につながることを期待しています。

6．課題

①ボランティア活動によって集積される松葉や枯れ枝の活用

虹の松原では毎年1000t もの松葉や枯れ枝が林内に落ち、一部がボランティア活動によって集められています。現在、松葉は、苗床や堆肥として活用が行われていますが、落枝はマツ材線虫病の蔓延の懸念等もあり廃棄物として処分され、その費用も膨大です。せっかく市民と松原とが関わりを持ち、集められた資源ですので有効に活用し、資源の循環を目指していきたいと考えています。

再生・保全活動で集められる枯れ枝・松葉

これまでに、ペレットやチップ、炭、灰にして活用方法の模索を行ってきましたが、出口の確保が難しく実用化には至っていません。

その他、企業ではシャンプーを作

竹に松葉を詰めた薪

無煙炭化器で炭の作成

高校生が開発した「松ぼっぷり」

成したり、松原の保全活動に熱心に取り組んでいる地元の唐津南高等学校の生徒は、松ぼっくりに香りをつけた「松ぽっぷり」を研究開発し、売り上げの一部を虹の松原保護対策協議会へ寄付されています。今後も各主体が得意とした分野で商品開発を行い、資源循環と運営費の確保につながることを願っています。

②継続した管理方法

実行計画書の中では、ボランティアの力が過大に期待されています。現在7247名ものボランティアでも全体の25%の面積でしか活動ができていません。そこで、新しい参加者を探し、輪を広げていくことは大切だと思っていますが、合わせて現在参加をしていただいているボランティアの方のモチベーションを維持・向上させることも重要ではないかと思っています。しかしながら、今後は、ボランティアばかりに頼る計画ではなくて作業の機械化・効率化、生業や文化として持続可能な活動にしていかなければならないと思っております。

7．おわりに

今後も、行政・企業・地域などさまざまな方々がそれぞれの得意分野を活かし、地域の宝であり日本の宝でもある「虹の松原」を一丸となって、「白砂青松」の景観に取り戻し、昔のように人と松原が関わり合う文化を復活させることで、虹の松原を次の世代に引き継いでいきたいと考えています。

参考文献

佐賀森林管理署（2007）虹の松原保全・再生対策調査報告書
虹の松原保護対策協議会（2019）虹の松原再生・保全実行計画書（第２次改訂版）
佐賀森林管理署　日田仁志、朝田清子、NPO法人唐津環境防災推進機構KANNE　藤田和歌子．（2018）平成30年度国有林野事業業務研究発表会要旨集
藤田和歌子（2018）平成30年度日本海岸林学会石垣島大会研究発表会要旨集
2019年３月21日　蔚山市国際シンポジウム「伝統の森の保全と生態観光」資料集

台湾の老樹救済と保全活動

陳　香伊
（福田樹木保育基金會）
（日本語翻訳：魏文亭）

福田樹木保護財団の寄付者・鄭福田氏は、台湾の太陽電池産業のリーダーであり、世界的に有名なブランド、茂迪株式会社（Motech Industries Inc：モテック）を設立しました。鄭福田氏は2008年に亡くなりましたが、彼は一生の間に台湾を愛し、命を大切にして、事業に成功してからも台湾の人文科学に根ざしたことや生態環境保全を忘れたことはありませんでした。

鄭福田氏は、より良く樹木を守るために、病に倒れる前に福田文化教育財団と福田樹木保護財団を委託設立しました。一貫して、台湾の教育と文化および樹木保護活動の理想を堅持しました。福田樹木保護財団は、計画された樹木の治療に加えて、樹木保護の理念を積極的に推進しております。「キツツキ家族」と名づけられた保護活動を行うボランティアの育成を通して、さらに多くの人々が樹木治療及び保護に加わることで台湾を緑豊かな宝の島にすることです。

1．樹木保護関連の活動

国内で最も美しい学校の木

全国の人々が老樹を大切にし、樹木保護の概念を積極的に実践するために、まず、全国で最も強い木と最も美しい木の選抜大会を開催しました。採点項目には、樹形と樹勢、老樹の健康維持の記録と計画、老樹の文化と地域交流、樹木保全とカリキュラムまたは活動の延長と実施が含まれ、現在130の学校が参加しています。また、美しいものを鑑賞することで、周囲の樹木にもっと注目を集め、全国の人々に樹木とともに得られる美しい物語を鑑賞してもらえることを願っています。

2．キツツキ家族ボランティアの育成

本会は、「木を惜しみ、大地を大切に」の精神に基づき、「専門性」と「公益」を出発点として、木を救い、教育の二つの柱の下で、一歩一歩樹木保全に尽力を注ぎます。公益参加を広げ、さらに多くの人々が樹木保護に参加し、キツツキ家族のボランティアの訓練を行い、異なるグループのニーズに応じて、関連するコースの専門知識とスキルを計画します。

⑴ 校庭クラス

校庭の樹木の剪定(せんてい)は、さまざまな樹種別の剪定方法があります。一般的に誤った剪定事例や緑化など、異なる作業の性質に応じて、樹木管理要員別のクラス及び学者や専門家を招待して教育を実施します。

図1　樹木病虫害に関する野外授業

⑵ ボランティアクラス

緑化や樹木の害虫駆除に興味がある人、または基礎を持っている人、および関連するライセンスを持っている人、異なる需要に合わせた人々等、専門別のコースがあります。すでに17の連続したセッションが開催され、学者と専門家を招待して、学習クラスを行いました。

図2　樹木剪定実施授業

3. 文化的および専門的なクラス

古い遺跡、歴史的建造物、集落と大木、両者は共存して、命の歴史を営んできました。一方、大木の管理は十分に維持されておらず、強風による倒木等で文化財の被害の要因となります。史跡、歴史的建造物、文化財のある場所の樹木保全の問題を解決するために、学者や専門家を招待し、樹木保全の経験を活かし、文化財範囲内の樹木の維持管理の品質を高めました。

2018年末までに、合計1600人のキツツキボランティアが訓練されました。ボランティアが、衰弱したり損傷した木々を発見して、管轄当局に治療の手配を通知することで、措置の遅れを回避することができます。協会は、関連する活動を随時開催し、ボランティアは学習を深めています。

3．福田樹木病院

福田樹木病院には、専門の樹木医チームがあり、研究室、管理事務所、などの施設があります。オンライン登録システムは毎年無料の公衆衛生サービスを提供しています。現在、害虫や病気に関する6000以上の診断データが蓄積されています。

2009年から2018年に提供された合計6294の樹木害虫および疾病診断公共サービスは、樹木病院のデータを通じて、樹木処理の実施計画や樹木保護の概念の推進など、関連する活動を計画しています。

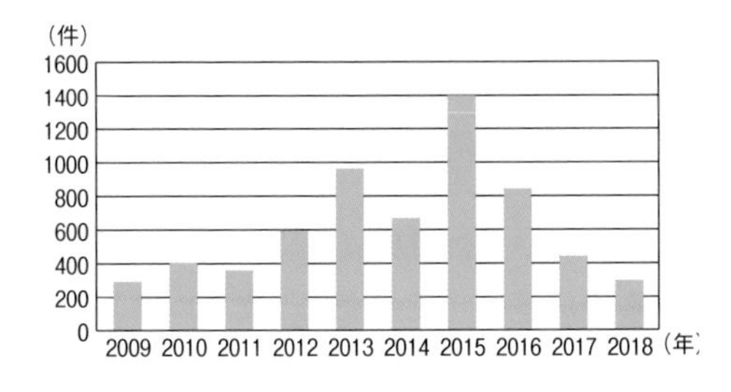

表1　2009-2018年福田樹木病院の公益診断件数表

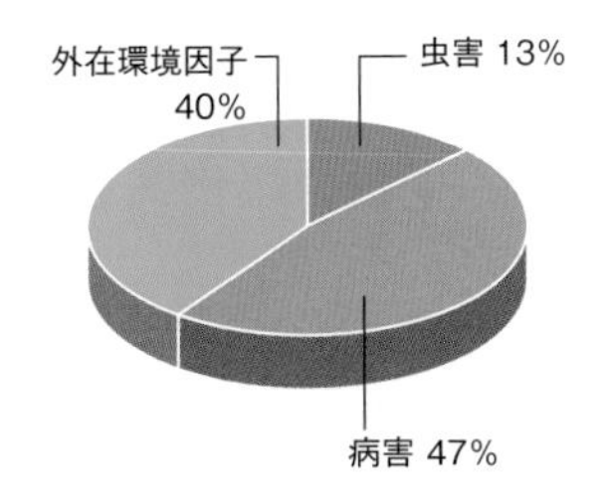

図3　2009-2018年福田樹木病院の公益診断樹木受危害分類

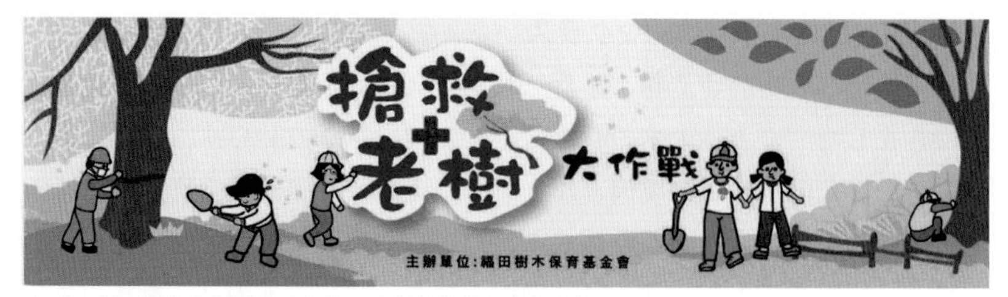

図4　福田樹木保育基金会主催の「老樹を救う大作戦」バナー

老樹の戦い

保護樹として指定された「珍貴老樹」[1]は重要な文化財であり、多くの人々の思い出の木でもあります。今、老樹の生活空間はますますせばめられており、木は成長が遅いため一度傷つけられると、修復することが難しくなり、より多くの損害をもたらします。

2013年以降、「老樹を救う大作戦」計画が計画されており、これまでに250を超える成功例があります。評価条件は、樹齢60年以上、教育および文化施設、台湾自生の樹木、地方自治体による老樹の管理、貴重な文化的記念指標、樹木病の治療、専門家による治療、および樹木の維持管理が必要のものがあります 。財団は専門的な診断と治療を提供し、木の所有者に実施プロセスへの参加を求めます。持続的維持管理の責任を約束し、定期的に樹木の管理を行います。

図5　雲林褒忠小学校の児童の老樹宛の手紙

4. 老樹の事例共有

さまざまな人文科学や歴史的背景において、老樹は多くの共鳴と記憶を呼び起こすことがあります。これらの記憶は時代の変化と文化の継承ですが、常に人々の注意が必要です。このセクションでは、学校、家屋、史跡

1　台湾では、条例に従い、選定された老樹を「珍貴老樹」と呼称する。

の三つの中で選択しますが、歴史的背景が異なるため、古木はより多くの人々の関心を集めています。

事例１

場所：苗栗県頭份鎮斗煥小学校　（樹種：リュウキュウマツ）

斗煥小学校は1920年（日治時期大正９年）に設立され、校庭には樹齢100年以上のリュウキュウマツが18本あります。学校は何年も前に琉球松の保全のための資金を集めていましたが、効果的な結果は得られませんでした。学校には木を保護する心がありますが、専門性の欠如に加えて、財政的な支援もありませんでした。

琉球松は、葉触れ病の感染により、徐々に衰弱に加え、健康不良の枝が生まれました。葉の病気に加えて、シロアリによる危険性にさらされており、世紀の樹木が徐々に枯れることを恐れて本会は2017年に救済処置を提案しました。

「斗煥百年リュウキュウマツ再生計画」は、樹齢100年の木の5年間の維持管理です。老樹の物語をつなぎ、老樹と地域の人文歴史、学校のカリキュラムにおいて補完し合い、教育と文化資産保護の重要な場所になることを期待しています。

図６　樹木の下は子供の永遠な遊び場

事例２

場所：彰化県埔鹽郷廍子コミュニティ（アカギ：彰化県保護樹第17-14-04号）

アカギの老樹は陳一族の家の隣に位置し、中国から台湾に移民に来た先祖、第１世代によって植えられ、第６世代を継いでおります。戦時中、アカギの下に防空壕があり、避難して助かったことや水害の時には、木に登って助かる等、まさに地域史とともに生きてきた老樹であります。数年前は、陳一族の子孫が老樹を救うと古い家の撤去を決断し、老樹の周辺空間を積極的に改善・拡大しました。しかし、老樹は衰弱していたため、福田樹木財団の治療により、現在元気を取り戻しました。今後も先祖の歴史を見守ります。

農村再生プログラムを通じて、古いコミュニティを観光のハイライトに成功させ、古い赤レンガの家は多くの観光客を引きつけます。当地は、文化局と協力して、老樹と地域のさまざまな暮らし—もち米、昔の製糖工場、昔の養魚池、古い井戸—等を「しわお爺さんの昔話」という絵本の形として、まとめました。

老樹の前に今も湧き水が絶えない縁起の良い古い井戸があります。施氏一族が12代にわたりこの地に代々生き、この井戸水を飲んで来た恩を忘れないという意味で、井戸に「飲水思源」という文字を刻んでいます。水と樹木、そして人々の共生の歴史を物語ります。

図7 「しわお爺さんの昔話」の絵本

図8 「飲水思源」と刻まれた井戸

5．台湾の樹木保全政策の難しさと提案

協会は香港の志蓮浄苑(Chi Lin Nunnery)に招待され、樹木害虫や樹木保全に関する学術交流や異なる生態学的問題を共有するために日本と韓国の専門家と意見交流もあります。

今日、地方自治体には「樹木保護条例」や関連法令がありますが、保護された樹木や貴重な樹木に限定されており、すべての木の保護はできません。公有地の樹木が迫害されても、公権力と市民グループの声によって救うことができます。古い木々が私有地にあることや、保護樹でないが故に迫害を受けることがありますが、これらはしばしば制御不能です。近年、台湾の樹木保護に対する意識は徐々に芽生え、全国で特定の樹木救助活動が行われています。台湾の樹木保護政策において幾つか提案します。

第一、樹木保護技術にはシステムと規範が必要です。

1．行政は、樹木保護の技術の規範を制定して、それに準じて執行すべきです。

2．樹木保護の専門家は、樹木害虫駆除、剪定、移植などの既存の施術者の専門技能を、認定または認定される前に強化する必要があります。

第二に、樹木保全は教育から始める

1．樹木保護教育は、環境教育につなげ、さまざまな分野や政府機関と適切に結びつけられるべきです。

2．行政は、保護樹の管理者と樹木所有者を、樹木保全要員として定期的に訓練する必要があります。

本会は寄付者の鄭福田氏の意志を支持し、今後も樹木保護と樹木救助の分野で一生懸命に働きます。また、国内外のあらゆる層の人々と共鳴し、地球の木に貢献するために協力することを望んでいます。

参考文献

1. 珍稀老樹病蟲害圖鑑（2005）莊鈴木、傅春旭、胡寶元、蕭文偉。行政院農業委員會林務局。76頁。
2. 老樹木材腐朽菌圖鑑（2005）傅春旭、張東柱。行政院農業委員會林務局。14頁。
3. 台灣常見樹木病害（1999）張東柱、謝煥儒、張瑞璋、傅春旭。林業叢刊第98號。18頁。
4. 皺臉伯講古（2015）陳琪閔。彰化縣文化局、彰化縣埔鹽廍子社區發展協會。３頁。

あとがき

本書の刊行は、トヨタ財団2017年度国際プログラム「山・川・里・海を繋ぐ日・韓・台の「伝統の森」文化の保全と絆」の助成をいただいたことから可能になりました。

本書のテーマは、2014～2016年度の日本学術振興会の科学研究費補助金による「東アジアの「水」を巡る「伝統の森」の文化」での調査研究を発展させたものであり、東アジアの森の文化を地球上の大循環から具体的に見直しながらつなげ、保全を図るという新しい挑戦の成果です。

日本、韓国、台湾の森の状況と祭礼や文化の両面のわたるフィールドワークとその結果の公表にあたっては、さまざまな困難や紆余曲折がありました。それらを乗り越えて、関わってくださった東アジア各地のみなさんが「これは、自分たちの本だ」と身近に感じていただけるものに少しでも近づけたとすれば、それは各地の市民団体、神社の方々や行政、そして数え切れないほど多くのみなさんのご理解とご協力のおかげです。

日本の鎮守の森・神の森を対象とする研究を切り開かれた薗田稔先生からは、終始変わらぬ暖かいご指導とご鞭撻を賜わりました。「もっと現場を歩きなさい」と叱ってくださった野本寛一先生、現地調査の時、「千年の森の精神」を探るべきと助言してくださいました桑子敏雄先生の恩も忘れがたいものです。

『八重山(やえやま)の御獄(うたき)』(榕樹書林)に引き続き、安渓遊地(あんけいゆうじ)先生は、全頁にわたる懇切な日本語添削をお引き受けくださいました。編集にあたられた岸田幸治さんは、膨大な写真と文章の山を前に、最初から最後まで最善をめざす努力をし続けてくださいました。

各森の状況・植生は、各地の植物専門家や樹木医の方々と現地調査を一緒に行いました。次頁にお名前を掲載しております。これらのすべての皆さんと機関に、著者を代表して心からの感謝を申し上げます。特に、10年来、苦楽をともに共同調査を協力してくださった韓国の尹石氏、台湾の傅春旭氏、日本の大谷一弘先生と森陽一氏には、深くお礼を申し上げます。

마음속　깊이 감사드립니다　衷心感謝。

東アジアの多様な森の文化と、そこに共通して流れる価値観の模索は、これからも続けます。自然と共生する人間社会の大切さへの気付きが東アジア全体に広がり、異文化間の相互理解と平和共存への細やかな布石になればと願っています。

やがては、世界の各地でのこうした試みとゆるやかに連携しながら、地球の生命(いのち)を育む水と森の循環が豊かに広がる世界がよみがえる……。本書に触れてくださったあなたが、そんな地球の未来をたぐりよせるために、思いを持ちより、心を合わせ、足並みをそろえて、手をたずさえていく仲間になってくださること夢見て、あとがきとさせてただきます。

2020年２月

李　春子

調査及び編集協力者

監修：薗田稔　　編集協力：安渓遊地

調査及び編集協力：大谷一弘・平良徹也・嵯峨井建・桑子敏雄・塩谷崇之

〈日本の森の状況及び植生記述協力〉

１．秋田県：森小夜子
２．埼玉県：木村甫
３．滋賀県：北村正隆・宮嶋正通・大谷一弘・野間直彦
４．京都市：大谷一弘
５．奈良県：宮嶋正通
６．福岡県：森陽一・大神邦昭
７．佐賀県：森陽一・山口英樹
８．宮崎県：佐藤光・高橋秀量
９．熊本県：佐藤光
10．沖縄県：島村賢正（石垣島）、花城正美（小浜島）、星公望（西表島）、山部国広（西表島）　他

〈韓国の森の状況及び植生記述協力〉

尹石・朴錫坤・崔松鉉・姜基縞・尹基雄

〈台湾の森の状況及び植生記述協力〉

傅春旭・薛美莉・朱恩良・蔡景株・蔡栄順・荘世滋・王相華・劉芳孜

〈その他、調査及び編集協力団体〉

日本：NPO 法人 社叢学会
　滋賀植物同好会
　あきた森づくり活動サポートセンター
　高月観音の里歴史民俗資料館
　白砂青松 美の松露
　NPO 法人 遠賀川流域住民の会
　那珂川市教育委員会　文化振興課
　高千穂町歴史民俗資料館
　沖縄県・南城市教育委員会文化課
　西表島森林生態保全センター
韓国：蔚山生命の森　蔚山市
台湾：林業試験所・特有生物研究保育センター・福田樹木保育基金会

監修者・執筆者略歴（掲載順）

薗田 稔（そのだ・みのる）

NPO 法人社叢学会理事長、京都大学名誉教授、秩父神社宮司。

1965年東京大学大学院博士課程修了。1974年國學院大學助教授、1981年～1990年 同教授。1991年～2000年京都大学大学院教授。2003年國學院大學神道文化学部特任教授、皇學館大学大学院特任教授を歴任。

著書：『祭りの現象学』（弘文堂）、『神道の世界』（弘文堂）、『神道史大辞典』（橋本政宣共編、吉川弘文館）他

＊宗教学や民俗学の視点を入れた神道研究、日本宗教史研究を行っている。

李 春子（イ・チュンジャ）

釜山生まれ。台湾大学人類学科卒業。京都大学人間環境学・博士。

東アジアの「伝統の森」保存会代表。現在、神戸女子大学非常勤講師

単著：『八重山の御嶽』（榕樹書林）、『神の木―日・韓・台の巨木・老樹信仰』（サンライズ出版）、共著：『共存学：文化・社会の多様性』（弘文堂）他多数

＊自然と共生する豊かな人間社会を「水と森」の文化から模索中。また、一連の研究活動が、鎮守の森の保全活動と東アジアの相互理解と平和に一助になるように奮闘中。

大谷 一弘（おおたに・かずひろ）

滋賀県八日市市（現東近江市）生まれ、近江八幡市在住。元公立中学校教員。環境省希少野生動植物種保存推進員。滋賀県生きもの総合調査委員会植物部会委員。

共著：『近江の鎮守の森』『近江の名木・並木道』（サンライズ出版）他

＊1984年、同志とともに滋賀植物同好会を立ち上げ、観察会を企画するとともに、鎮守の森や巨樹・名木などの調査保全活動に力を注いできた。

藤田 和歌子（ふじた・わかこ）

NPO 法人唐津環境防災推進機構 KANNE 事務局長。

佐賀県唐津市出身。島根大学卒業、2008年から現職。

＊人と共生してきた「虹の松原」を次の世代に引き継ぐため、その再生・保全活動に奮闘中。また、自然が好き、地球が好きという仲間を増やすためのきっかけづくりをプロデュースしている。

陳 香伊（チン・シャンイ）

中華科技大学 健康科技研究所 修士（2015年）。林業試験所を経て、2008年から財団法人福田樹木保育基金会。

＊福田樹木保育基金会の樹木医学と樹木の保全活動を通して、自然と共生する豊かな人間社会を目指し、さまざまな試みを模索中。

東アジアの「伝統の森」100撰

―山・川・里・海をつなぐ森の文化―

2020年３月25日 初版第１刷発行

監 修 薗田 稔

編著者 李 春子

発行者 岩根順子

発行所 サンライズ出版 滋賀県彦根市鳥居本町655-1 〒522-0004

電話 0749-22-0627 FAX 0749-23-7720

印刷・製本 シナノパブリッシングプレス

 ISBN978-4-88325-677-8 Printed in Japan